Electric Machinery and Electric Drives
Learning Guide

电机及拖动学习指南

主　编　屈　丹
副主编　程海军　赵丽丽

复旦大学出版社

图书在版编目(CIP)数据

电机及拖动学习指南/屈丹主编.--上海：复旦
大学出版社,2024.12.-- ISBN 978-7-309-17787-9

Ⅰ.TM3;TM921

中国国家版本馆 CIP 数据核字第 2024T7A714 号

电机及拖动学习指南

屈　丹　主编

责任编辑/李小敏

复旦大学出版社有限公司出版发行

上海市国权路 579 号　邮编：200433

网址：fupnet@ fudanpress.com　http://www.fudanpress.com
门市零售：86-21-65102580　　团体订购：86-21-65104505
出版部电话：86-21-65642845
上海华业装璜印刷厂有限公司

开本 787 毫米×1092 毫米　1/16　印张 9.75　字数 237 千字
2024 年 12 月第 1 版第 1 次印刷

ISBN 978-7-309-17787-9/T・770
定价：30.00 元

前　言

党的二十大报告将"实施科教兴国战略,强化现代化建设人才支撑"作为报告的第五部分,做了统筹擘画和完整阐述,突出强调"教育、科技、人才是全面建设社会主义现代化国家的基础性、战略性支撑"。要实现中国式高等教育现代化,促进高等教育高质量发展,必须深入学习和贯彻党的二十大精神,深化高等教育改革。本书是"电机及拖动"课程教材建设的成果,是辽宁工业大学的立项教材,并由辽宁工业大学资助出版。

"电机及拖动"课程是电气工程及其自动化专业和自动化专业的一门技术基础必修课。学生通过本课程的学习,掌握交流电机、直流电机和变压器的基本结构与工作原理,为学习后续专业课及毕业后从事相关工作打下坚实的理论基础。

"电机及拖动"课程知识点多,计算公式多,理论性强,与工程实际结合密切,相对而言教与学都有一定难度。要学好这门课程,除了认真学习,勤思多问,还必须做一定数量的思考题和习题。本书是"电机及拖动"课程的教学用书,内容包括电机与电磁理论基础、直流电机原理、直流电机的电力拖动、变压器、异步电动机的运行原理、异步电动机的电力拖动、电力拖动系统电动机的选择、同步电机。既有理论知识,也有各种类型的习题。本书可作为国网考试的辅助教材,还可供电气工程领域的广大工程技术人员参考。

本书共分为九章,每章内容包括基本知识点归纳与习题解析两部分。基本知识点归纳部分将每章需要掌握的知识点总结概括,一一列举,层次清楚;习题解析部分含多种题型,填空、选择、判断、简答、计算等。本书注重对基本功的考查,方便读者及时检查学习情况,对理解和掌握电机的基本原理与电机及拖动的基本概念、基本分析方法有很大帮助。

本书由从事"电机及拖动"多年教学工作的教师编写。屈丹编写第 1,2,8 章,程海军编写第 3,4 章,赵丽丽编写第 5,6,7 章,第 9 章模拟试题由三位老师共同完成。

由于编者学术水平有限,书中难免存在疏漏之处,敬请专家和读者指正。读者若对本书有意见、建议和要求,欢迎告诉我们,以便再版时修改,使其更臻完善。另外,向本书参考文献的作者表示诚挚的感谢!

编　者
2024 年 10 月

目　　录

第1章
电机与电磁理论基础

1.1 知识点归纳

1. 电机

电机是以电磁感应和电磁力定律为基本工作原理,进行电能的传递或机电能量转换的机械装置。

2. 电机的主要类型

(1) 按功能分:发电机、电动机、变压器、变频机、移相机、控制电机。

(2) 按运动方式分:变压器、旋转电机。

(3) 按电流分:直流电机、交流电机。

(4) 交流电机按转速与电源频率的关系分:异步电机、同步电机。

3. 电机中所用的材料

(1) 导电材料:作为电机中的电路系统。为减小电阻损耗,要求材料的电阻率小,常用紫铜及铝。

(2) 导磁材料:作为电机中的磁路系统。为在一定励磁磁动势下产生较强的磁场和降低铁损耗,要求材料具有较高的磁导率和较低的铁损耗系数,常用硅钢片、钢板和铸钢。

(3) 绝缘材料:作为带电体之间及带电体与铁心之间的电气隔离。要求材料的介电强度大且耐热强度好。按耐热能力可分为 A、E、B、F、H、C 六级,其最高允许工作温度分别为 105℃、120℃、130℃、155℃、180℃和高于180℃。绝缘材料的寿命受电机工作温度的影响很大,若电机运行时温度超过允许值,则其使用寿命将缩短。

(4) 结构材料:使各部分构成整体、支撑和连接其他机械。要求材料的机械强度好,加工方便,质量轻。常用铸铁、铸钢、钢板、铝合金及工程塑料。

4. 基本电磁定律

(1) 全电流定律。在磁场中沿任一闭合回路 l,磁场强度 H 的线积分等于穿过该回路所有电流 I 的代数和,即

$$\oint_l H \cdot \mathrm{d}l = \sum I$$

(2) 电磁感应定律。

① 变压器电动势。无论何种原因,当与线圈交链的磁链 Ψ 随时间变化时,线圈中将产生感应电动势 e。e 的大小等于线圈所交链的磁链对时间的变化率,e 的方向应符合楞次定律,即若该电动势产生一个电流,此电流产生的磁通将反对线圈中磁链的变化。若规定感应电动势的正方向与磁通 Φ 的正方向符合右手螺旋关系,则电磁感应定律的数学描述可表示为

$$e = -\frac{\mathrm{d}\Psi}{\mathrm{d}t} = -N\frac{\mathrm{d}\Phi}{\mathrm{d}t}$$

② 运动电动势。设磁场恒定,构成线圈的导体切割磁力线,使线圈交链的磁链随时间变化,导体中的感应电动势称为运动电动势。若磁力线、导体和运动方向三者互相垂直,则导体中感应电动势的大小为导体所在处的磁通密度 B 与导体切割磁力线的有效长度 l 及导体相对磁场运动的线速度 v 三者之积,感应电动势的方向符合右手定则,即

$$e = Blv$$

（3）电磁力定律。

载流导体在磁场中要受到力的作用,该力被称为电磁力。其大小在导体与磁力线相垂直时等于导体所在处磁场的磁通密度 B 与导体有效长度 l 及导体中的电流 i 三者乘积,电磁力的方向符合左手定则,即

$$F = Bli$$

（4）电路定律。

① 欧姆定律。一段电路上的电压降 u 等于流过该电路的电流 i 与电路的电阻 R 的乘积,即

$$u = iR$$

② 基尔霍夫第一定律（电流定律,KCL）。在电路中任一节点上,电流的代数和恒等于零,即

$$\sum i = 0$$

③ 基尔霍夫第二定律（电压定律,KVL）。在电路中,对任一回路,沿回路环绕一周,回路内所有电动势的代数和等于所有电压降的代数和,即

$$\sum e = \sum u$$

该定律是电机中电动势平衡方程式的理论依据。

（5）磁路定律。

① 磁路的定义。电流在它周围的空间建立磁场,磁场的分布常用一些闭合线（磁力线）来描述,磁力线所经路径称为磁路。

② 磁导率（μ）。磁路的材料不同,其导磁性能不同。非铁磁物质磁导率 $\mu_0 = 4\pi \times 10^{-7}$ H/m。铁磁物质由于其内部结构特点,磁导率 μ_{Fe} 可达 μ_0 的数千倍,且 μ_{Fe} 不是一个常量,它的大小随外磁场强度 H 的大小而变化。

③ 磁化曲线。磁场强度 H、磁感应强度 B 和磁导率 μ 之间的函数关系:

$$B = \mu H$$

铁磁材料的磁化曲线 $B=f(H)$ 如图 1.1 所示。当磁场强度 H 增加到某一数值时,磁感应强度 B 存在磁饱和现象。

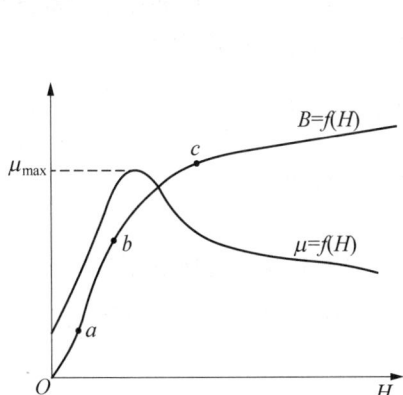

图 1.1　铁磁材料的磁化曲线　　　　　　　图 1.2　磁滞回线

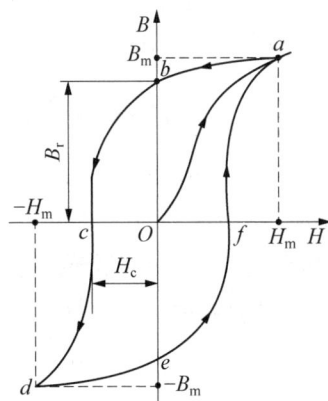

④ 磁滞回线。磁滞回线如图 1.2 所示。磁感应强度 B 的变化总是滞后于磁场强度 H 的变化。图中 B_r 称为剩余磁感应强度,简称剩磁。图中 H_c 称为矫顽磁力。

⑤ 铁心损耗。在交变磁场作用下,铁磁物质内会产生能量损耗,包括磁滞损耗和涡流损耗。磁滞损耗是磁畴在交流磁场中运动引起的损耗;涡流损耗是铁磁材料在交变磁场作用下产生感生电动势,从而产生涡流引起的损耗。

⑥ 铁磁材料的特性。

铁磁材料分软、硬两大类,软磁材料磁滞回线窄,是电机、变压器常用的材料;硬磁材料磁滞回线宽,可作永久磁铁。

铁磁材料在外磁场作用下磁畴排列整齐时才呈现磁性。

电机、变压器中常用的磁化曲线是平均磁化曲线。

交流磁路中铁磁材料有涡流损耗、磁滞损耗,这些损耗与电源频率及磁通密度有关。

⑦ 磁路的欧姆定律。将全电流定律应用到材料相同、截面相等的无分支闭合磁路上,则有

$$\oint_l H \cdot \mathrm{d}l = Hl = \sum I = Ni = F$$

式中,F 为磁动势。则有

$$\Phi = BS = H\mu S = \frac{F\mu S}{l} = \frac{F}{\dfrac{l}{\mu S}} = \frac{F}{R_m}$$

式中,Φ 为磁通;S 为截面积;R_m 为磁阻。即磁路中的磁通 Φ 等于作用在该磁路上的磁动势 F 除以磁路的磁阻 R_m,这就是磁路的欧姆定律。

⑧ 磁路的基尔霍夫第一定律。由于磁力线是闭合线,因此,对任一封闭面而言,穿入的磁通必等于穿出的磁通,这就是磁通连续性原理。对有分支的磁路而言,在磁通汇合处的封

闭面上,磁通的代数和等于零,即 $\sum \Phi = 0$。

⑨ 磁路的基尔霍夫第二定律。在磁路计算中,若构成磁路的各部分有不同的材料和截面,则应将磁路分段,每段有相同材料和截面,其 B、μ 相同。每段磁路上磁场强度 H 与磁路长度 l 的乘积 Hl 称为该段磁路的磁压降。将全电流定律应用到任一闭合磁路上,则有

$$\oint_l H \cdot \mathrm{d}l = \sum Hl = \sum Ni = \sum F = \sum \Phi R_\mathrm{m}$$

即沿任一闭合磁路,磁压降的代数和等于磁动势的代数和。

(6) 能量守恒定律。

电机是电能传递或机电能量转换的机械装置,在能量传递或转换过程中电机自身消耗的功率称为损耗。稳态运行时,必然存在输入功率 P_1 等于输出功率 P_2 与所有损耗 $\sum p$ 之和,即

$$P_1 = P_2 + \sum p$$

能量守恒定律是建立电机运行时基本方程式的理论依据。

5. 电路和磁路的对比

① 电路中可以有电动势无电流,磁路中有磁动势必然有磁通。

② 电路中有电流就有功率损耗,而在恒定磁通下,磁路中无损耗。

③ 由于导体的电导约为绝缘体电导的 10^{20} 倍,而 μ_Fe 仅为 μ_0 的 $10^3 \sim 10^4$ 倍,因此可认为电流只在导体中流过,而磁路中除主磁通外还必须考虑漏磁通。

④ 电路中电阻率在一定温度下恒定不变,而在由铁磁材料构成的磁路中,磁导率 μ 随 B 变化,即磁阻 R_m 随磁路饱和度增大而增大。

1.2 习题解析

1. 填空题

(1) 铁磁物质内产生的能量损耗称为铁心损耗,包括_____和_____。

(2) 电机是以电磁感应和电磁力定律为基本工作原理,进行电能的_____或机电能量_____的机械装置。

(3) 变压器电动势的数学描述可表示为_____。

(4) 由铁磁材料构成的磁路中,磁导率 μ 随 B 变化,即磁阻 R_m 随磁路饱和度增大而_____。

(5) 电机的类型按电流划分,可分为_____和_____。

2. 判断题

(1) 电机中的导磁材料要求具有较高的磁导率、较低的磁阻。　　　　　　　　( )

(2) 磁通只能在磁阻小的铁磁材料中通过,不能在磁阻大的空气中通过。　　( )

(3) 变压器属于静止电机。　　　　　　　　　　　　　　　　　　　　　( )

(4) 电磁力定律是用右手定则判断的。　　　　　　　　　　　　　　　　( )

(5) 磁场强度 H 和磁通密度 B 永远成线性关系,H 值越大,B 值越大。　( )

3. 简答题

(1) 电机和变压器的磁路常用什么材料制成？这类材料应具有哪些主要特性？

(2) 变压器电动势和运动电动势产生的原因有什么不同？其大小与哪些因素有关？

(3) 感应电动势 $e = -\dfrac{\mathrm{d}\Psi}{\mathrm{d}t}$ 有何意义？其中的负号表示什么意思？

(4) 试比较磁路和电路的相似点和不同点。

(5) 电机运行时,热量主要来源于哪些部分？为什么用温升而不直接用温度表示电机的发热程度？电机的温升与哪些因素有关？

(6) 请说明电与磁存在哪些基本关系,并列出其基本物理规律与数学公式。

(7) 通过电路与磁路的比较,总结两者之间哪些物理量具有相似的对应关系(如电阻与磁阻),请列表说明。

(8) 如何理解机电能量转换原理？根据这个原理可以解决什么问题？

(9) 铁心中的磁滞损耗和涡流损耗是怎样产生的？它们与哪些因素有关？

(10) 简述铁磁材料的磁化过程。

4. 计算题

(1) 在图 1.3 中,已知磁力线 l 的直径为 $10\,\mathrm{cm}$,电流 $I_1 = 10\,\mathrm{A}$,$I_2 = 5\,\mathrm{A}$,$I_3 = 3\,\mathrm{A}$,试问该磁力线上的平均磁场强度是多少？

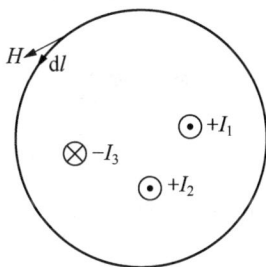

图 1.3　习题(1)图

(2) 在图 1.4 所示的磁路中,线圈中通入直流电流 I_1、I_2,试问:①电流方向如图所示时,该磁路上的总磁动势为多少？②N_2 中电流 I_2 反向,总磁动势又为多少？③若在 a、b 处切开,形成一空气隙 δ,电流方向仍如图所示,总磁动势又为多少？④比较①和③两种情况下铁心中的 B、H 的相对大小,以及③中铁心和气隙中 H 的相对大小。(设铁心截面积均匀,不计漏磁通)

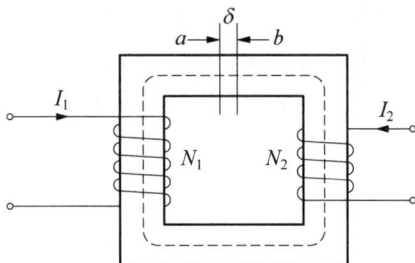

图 1.4　习题(2)图

（3）两根输电线在空间相距 2 m，当两输电线通入的电流均为 100 A 时，求每根输电线单位长度上所受的电磁力，并画出两线中电流同向及反向两种情况下的受力方向。

（4）有一导体，长度 $l=3$ m，通以电流 $i=200$ A，放在 $B=0.5$ T 的磁场中，试求：①导体与磁场方向垂直时的电磁力。②导体与磁场方向平行时的电磁力。③导体与磁场方向为 $30°$ 时的电磁力。

（5）有一磁路的铁心形状如图 1.5 所示，铁心各边的尺寸如下：A、B 两边相等，长度为 17 cm，截面积为 7 cm²；C 边长 5.5 cm，截面积为 14 cm²；气隙长度 $g=0.4$ cm。 两边各有一个线圈，其匝数为 $N_1=N_2=100$，分别通以电流 i_1 和 i_2，所产生的磁动势由 A、B 两边汇入中间的 C 边，且方向一致。试求：在气隙中产生 $B=1.2$ T 时所需的电流值及此时气隙中储存的能量 W_f，并计算电感 L。

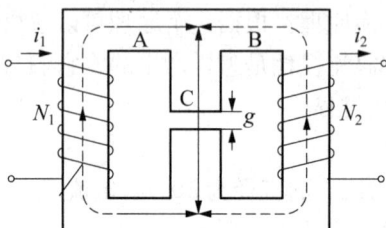

图 1.5　习题(5)图

参考答案

1. 填空题

（1）磁滞损耗；涡流损耗　（2）传递；转换　（3）$e=-\dfrac{\mathrm{d}\Psi}{\mathrm{d}t}=-N\dfrac{\mathrm{d}\Phi}{\mathrm{d}t}$　（4）增大

（5）直流电机；交流电机

2. 判断题

（1）√　（2）×　（3）√　（4）×　（5）×

3. 简答题

（1）**答**　电机和变压器的磁路常用导磁性能高的硅钢片叠压制成，磁路的其他部分常用导磁性能较高的钢板和铸铁制成。这类材料应具有导磁性能高、磁导率大、铁耗低的特征。

（2）**答**　变压器电动势产生的原因及大小：当与线圈交链的磁链 Ψ 随时间变化时，线圈中将产生感应电动势 e。e 的大小等于线圈所交链的磁链对时间的变化率，e 的方向应符合楞次定律，即若该电动势产生一个电流，此电流产生的磁通将反对线圈中磁链的变化。若规定感应电动势的正方向与磁通的正方向符合右手螺旋关系，则电磁感应定律的数学描述可表示为

$$e=-\frac{\mathrm{d}\Psi}{\mathrm{d}t}=-N\frac{\mathrm{d}\Phi}{\mathrm{d}t}$$

运动电动势产生的原因与大小：设磁场恒定，构成线圈的导体切割磁力线，使线圈交链

的磁链随时间变化,导体中的感应电动势称为运动电动势。若磁力线、导体和运动方向三者互相垂直,则导体中感应电动势的大小为导体所在处的磁通密度 B 与导体切割磁力线的有效长度 l 及导体相对磁场运动的线速度 v 三者之积,感应电动势的方向符合右手定则,即

$$e = Blv$$

(3) **答**　$e = -\dfrac{\mathrm{d}\Psi}{\mathrm{d}t}$ 是规定感应电动势的正方向与磁通的正方向符合右手螺旋关系时电磁感应定律的普遍表达式,负号表示感应电动势的方向与磁通变化的趋势相反。当所有磁通与线圈全部匝数交链时,电磁感应定律的数学描述可表示为 $e = -\dfrac{\mathrm{d}\Psi}{\mathrm{d}t} = -N\dfrac{\mathrm{d}\Phi}{\mathrm{d}t}$;当磁路是线性的,且磁场是由电流产生时,有 $\Psi = Li$,L 为常数,则可写成 $e = -L\dfrac{\mathrm{d}i}{\mathrm{d}t}$。

(4) **答**　磁路和电路的相似只是形式上的,与电路相比较,磁路有以下特点:

① 电路中可以有电动势但是无电流,磁路中有磁动势必然有磁通;

② 电路中有电流就有功率损耗,而在恒定磁通下,磁路中无损耗;

③ 电路中导体的电导约为绝缘体电导的 10^{20} 倍,而 μ_{Fe} 仅为 μ_0 的 $10^3 \sim 10^4$ 倍,故可认为电流只在导体中流过,而磁路中除主磁通外还必须考虑漏磁通;

④ 电路中电阻率在一定温度下恒定不变,而在由铁磁材料构成的磁路中,磁导率 μ 随磁通密度 B 变化,即磁阻 R_{m} 随磁路饱和度增大而增大。

(5) **答**　电机运行时,热量主要来源于各种损耗,如铁耗、铜耗、机械损耗和附加损耗等。当电机所用绝缘材料的等级确定后,电机的最高允许温度也就确定了,其温升限值则取决于冷却介质的温度,即环境温度。在电机的各种损耗和散热情况相同的条件下,环境温度不同,则电机所达到的实际温度不同,所以用温升而不直接用温度表示电机的发热程度。电机的温升主要决定于电机损耗的大小、散热情况及电机的工作方式。

(6) **答**　电与磁存在三个基本关系,分别是:

① 电磁感应定律。如果在闭合磁路中磁通随时间而变化,那么将在线圈中感应出电动势。感应电动势的大小与磁通的变化率成正比,即

$$e = -N\dfrac{\mathrm{d}\Phi}{\mathrm{d}t}$$

感应电动势的方向由右手螺旋定则确定,式中的负号表示感应电动势试图阻止闭合磁路中磁通的变化。

② 导体在磁场中的感应电动势。如果磁场固定不变,而让导体在磁场中运动,这时相对于导体来说,磁场仍是变化的,同样会在导体中产生感应电动势。这种导体在磁场中运动产生的感应电动势的大小由下式给出

$$e = Blv$$

而感应电动势的方向由右手定则确定。

③ 载流导体在磁场中的电磁力。如果在固定磁场中放置一个通有电流的导体,则会在

载流导体上产生一个电磁力。载流导体受力的大小与导体在磁场中的位置有关,当导体与磁力线方向垂直时,所受的力最大,这时电磁力 F 与磁通密度 B、导体长度 l 以及通电电流 i 成正比,即

$$F = Bli$$

电磁力的方向可由左手定则确定。

(7) **答**　磁路是指在电工设备中,用磁性材料做成一定形状的铁心,铁心的磁导率比其他物质的磁导率高得多,铁心线圈中的电流所产生的磁通绝大部分将经过铁心闭合,这种人为造成的磁通闭合路径就称为磁路。而电路是由金属导线和电气或电子部件组成的导电回路,也可以说电路是电流所流经的路径。

磁路与电路之间有许多相似性,两者所遵循的基本定律相似,即在任一节点处都受到基尔霍夫第一定律约束,在任一回路中都遵守基尔霍夫第二定律。另外,磁路与电路都有各自的欧姆定律。两者之间相似的物理量主要有:电路中传输的是电流,磁路中相应的为磁通;电路中的电动势、电压与磁路中的磁动势、磁压降类似;电路中的电阻或电导与磁路中的磁阻或磁导相似。这些对应关系如表 1.1 所示。

表 1.1　电路与磁路参数对比表

磁路	磁通 Φ	磁动势 F_m(磁压降)	磁阻 R_m(磁导 G_m)	磁通密度 B	磁导率 μ
电路	电流 I	电动势 E(电压 U)	电阻 R(电导 G)	电流密度 J	1/电阻率 ρ

当然两者之间也有一些不同之处,比如:磁通只是描述磁场的物理量,并不像电流那样表示带电质点的运动,磁通通过磁阻时,也不像电流通过电阻那样要消耗功率,因而也不存在与电路中的焦耳定律类似的磁路定律;分析电路时一般不涉及电场问题,不考虑漏电流,而分析磁路时离不开磁场的概念,要考虑漏磁现象;在电路中电动势为零时,电流也为零,但在磁路中往往有剩磁,磁动势为零时,磁通不一定为零;磁路的欧姆定律与电路的欧姆定律也只是形式上的相似,由于铁心的磁导率不是常数,它随励磁电流变化而变化,因而磁路计算不能应用叠加原理。

(8) **答**　从能量转换的观点,可以把依靠电磁感应原理运行的机电设备看作一类机电转换装置,比如,变压器是一种静止的电能转换装置,而旋转电机是一种将机械能转换成电能(发电机)或将电能转换成机械能(电动机)的运动装置。因此,机电能量转换原理是学习和研究电机理论的一个重要工具。

根据这个原理,可以求得电机(发电机、电动机)和变压器中的关键物理量感应电动势和电磁转矩的大小,进而分析电机和变压器的运行特性。

(9) **答**　铁磁材料置于交变磁场中,材料被反复交变磁化,磁畴之间相互不停地摩擦、翻转,消耗能量,并以热量形式表现,这种损耗称为磁滞损耗。由于铁心是导电体,铁心中磁通随时间变化时,根据电磁感应定律,在铁心中将产生感应电动势并引起涡流,此涡流在铁心中引起的损耗也以热量形式表现,称为涡流损耗。磁滞损耗与涡流损耗之和称为铁心损耗,它们与电源频率 f、磁通密度 B 及铁心重量有关。

(10) **答**　铁磁物质未放入磁场之前,其内部磁畴排列是杂乱的,磁效应互相抵消,对外

不呈现磁性;若将铁磁物质放入磁场中,在外磁场的作用下,磁畴的轴线将趋于与外磁场方向一致,且排列整齐形成一个附加磁场,与外磁场叠加后,就呈现出磁性。

4. 计算题

(1) **解** 平均磁场强度

$$H = \sum I/l = (I_1 + I_2 - I_3)/(\pi D)$$
$$= (10 + 5 - 3)\,\mathrm{A}/(\pi \times 0.1\,\mathrm{m}) \approx 38.2\,\mathrm{A/m}$$

(2) **解** ① $F_1 = I_1 N_1 - I_2 N_2$。

② $F_2 = I_1 N_1 + I_2 N_2$。

③ $F_3 = F_1 = I_1 N_1 - I_2 N_2$,不变。

④ 由于 $F_3 = F_1$, $H_1 \gg H_3$,

$$R_{m1} \ll R_{m3}, \; \Phi_1 \gg \Phi_3, \; B_1 \gg B_3$$

在③中,

$$B_{Fe} = B_\delta, \; \mu_{Fe} \gg \mu_0$$
$$H_{Fe} = B_{Fe}/\mu_{Fe} \ll H_\delta = B_\delta/\mu_0$$

(3) **解** 由 $H \cdot 2\pi R = I$, $B = \mu_0 H$,得每根输电线单位长度上所受的电磁力为

$$F = BlI = \frac{\mu_0 I}{2\pi R}lI = \frac{4\pi \times 10^{-7} \times 100^2 \times 1}{2\pi \times 2}\,\mathrm{N \cdot m} = 10^{-3}\,\mathrm{N \cdot m}$$

当电流同向时,电磁力为吸力;当电流反向时,电磁力为斥力,如图1.6所示。

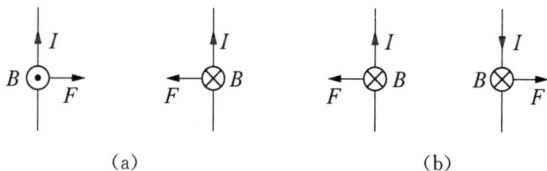

(a)   (b)

图1.6 习题(3)图

(4) **解** 载流导体在磁场中电磁力的一般计算公式为

$$F = Bli\sin\theta$$

① 导体与磁场方向垂直时, $\theta = 90°$, $F = 0.5 \times 3 \times 200\,\mathrm{N} = 300\,\mathrm{N}$。

② 导体与磁场方向平行时, $\theta = 0$, $F = 0$。

③ 导体与磁场方向为 30° 时, $F = 0.5 \times 3 \times 200 \times \sin 30°\,\mathrm{N} = 150\,\mathrm{N}$。

(5) **解** 设 $i_1 = i_2 = i$, $N_1 = N_2 = N = 100$。

由 $F_{m1} + F_{m2} = \Phi_g R_{mg}$,得 $2Ni = \Phi_g \dfrac{g}{\mu_0 S_C}$。

所以,所需的电流值

$$i = \frac{\Phi_g g}{2N\mu_0 S_C} = \frac{Bg}{2N\mu_0} = \frac{1.2 \times 0.4 \times 10^{-2}}{2 \times 100 \times 4\pi \times 10^{-7}}\,\mathrm{A} \approx 19.1\,\mathrm{A}$$

气隙磁通

$$\Phi_{\mathrm{g}} = BS_{\mathrm{C}} = 1.2 \times 14 \times 10^{-4}\ \mathrm{Wb} = 0.001\,68\ \mathrm{Wb}$$

根据电感的定义，

$$L = \frac{\Psi}{i} = \frac{N\Phi}{i} = \frac{100 \times 0.5 \times 0.001\,68}{19.1}\ \mathrm{H} \approx 0.004\,4\ \mathrm{H}$$

气隙中储存的能量

$$W_{\mathrm{f}} = 2W_{\mathrm{L}} = 2 \cdot \frac{1}{2} Li^2 = 0.004\,4 \times 19.1^2\ \mathrm{J} \approx 1.61\ \mathrm{J}$$

第 2 章

直流电机原理

2.1　知识点归纳

1. 直流电机的结构与基本工作原理

直流电机是实现直流电能与机械能相互转换的电磁装置。主磁场是实现能量转换的媒介,电磁感应定律和电磁力定律是这种转换的理论基础。

直流电机的结构有定子、转子两大部分。定子包括励磁铁心、励磁绕组、电刷、换向极、磁轭、机座等,其作用主要是建立磁场和机械支撑。转子主要包括电枢铁心、电枢绕组和换向器,其作用是感应电动势,通过电流,实现机电能量转换。

电枢绕组上的电动势和电流为交流,实现与外部直流电之间的变换靠的是换向器和电刷。直流发电机的电枢绕组中 E_a 与 I_a 同向,n 与 T 反向。直流电动机的电枢绕组中 E_a 与 I_a 反向,n 与 T 同向。

2. 直流电机的额定值

① 额定容量(功率)$P_N(kW)$:电机在规定的额定状态下运行时电机的输出功率。

② 额定电压 $U_N(V)$:额定状态下电枢出线端的电压。

③ 额定电流 $I_N(A)$:额定电压下运行,输出功率为额定时的电流。

④ 额定转速 $n_N(r/min)$:额定状态下运行时转子的转速。

⑤ 额定励磁电流 $I_{fN}(A)$:额定状态下运行时产生励磁磁场的电流。

⑥ 额定效率 η_N:额定状态下运行时的效率。

3. 直流电机的可逆原理

一台直流电机原则上既可以作为电动机运行,也可以作为发电机运行,只是外界条件不同而已。如果用原动机拖动电枢恒速旋转,就可以从电刷端引出直流电动势而作为直流电源对负载供电;如果在电刷端外加直流电压,则电机就可以把电能转变成机械能,从而带动轴上的机械负载旋转。这种同一台电机既能作电动机运行,也能作发电机运行的原理,在电机理论中称为电机的可逆原理。

4. 直流电机的磁场

直流电机的磁场是电机中感应电动势和产生电磁转矩从而实现机电能量转换必不可少的基本因素之一。直流电机的磁场有励磁磁场和电枢磁场。直流电机的气隙磁场是主极磁场和电枢磁场形成的合成磁场。

（1）直流电机的励磁方式。

根据励磁磁场形成方式的不同,直流电机可分为他励式、并励式、串励式和复励式四种。

① 他励直流电机:电枢绕组与励磁绕组分别由两个互相独立的直流电源供电,满足 $I_a = I$。

② 并励直流电机:满足 $I = I_a + I_f$（直流电动机）、$I_a = I + I_f$（直流发电机）。

③ 串励直流电机:满足 $I = I_a = I_f$。

④ 复励直流电机:主磁极中有两套励磁绕组,一套与电枢绕组并联,称为并励绕组,另一套与电枢绕组串联,称为串励绕组,满足 $I = I_S = I_a + I_f$。

（2）直流电机的空载。

直流电机的空载是指直流发电机出线端没有电流输出,直流电动机轴上不带机械负载,即电枢电流为零或近似为零的状态。

（3）主磁通 Φ_0 与漏磁通 Φ_σ 的比较。

主磁通是指同时与励磁绕组及电枢绕组交链形成闭合回路,能在电枢绕组中产生感应电动势和电磁转矩。

漏磁通仅交链励磁绕组本身。

主磁通和漏磁通由同一个磁动势所产生;主磁通和漏磁通所走的路径不同,主磁通所走的路径(称为主磁路)气隙小,磁阻小,而漏磁通所走路径(称为漏磁路)主要为磁极间的空气,磁阻大,所以主磁通要比漏磁通大得多。

（4）电枢反应。

当电机带上负载后,电枢绕组中就有了电流,电枢电流也产生磁动势,叫电枢磁动势。电枢磁动势的出现,必然会影响励磁磁动势单独作用时的磁场,有可能改变气隙磁密分布情况及每极磁通量的大小。电枢磁动势对励磁磁动势产生的磁场的影响称为电枢反应。电枢反应有直轴电枢反应和交轴电枢反应。根据电枢磁场对励磁磁场的影响,电枢反应又分为增磁电枢反应和去磁电枢反应。

（5）坐标轴定义。

直轴(d 轴):主磁极中心位置。

交轴(q 轴):主磁极几何中性线位置。

极轴线:磁极的中心线。

几何中性线:磁极之间的平分线。

5. 直流电机的绕组

电枢绕组是电机中产生感应电动势和电磁转矩从而实现机电能量转换的核心部件,它是由若干个完全相同的绕组元件按一定的规律连接起来的。电枢绕组按其元件连接的方式不同而分为叠绕组和波绕组。两者都是闭合绕组,在绕组的闭合回路中,各元件的电动势恰好互相抵消,闭合回路中不产生环流。电枢绕组中的电流从电刷引入或引出,电刷的位置必须使空载时正、负电刷之间获得最大电动势。

参数 a 为直流电枢绕组的并联支路对数;参数 p 为直流电机励磁磁极的极对数。

单波绕组:$a = 1$;单叠绕组:$a = p$。

6. 直流电机的电枢电动势与电磁转矩

（1）直流电机的电枢电动势。

电枢绕组的感应电动势为 $E_a = C_e \Phi n$。 对于任何确定的电机来说,感应电动势 E_a 的大小仅取决于每极磁通 Φ 和转速 n。

（2）直流电机的电磁转矩。

电磁转矩 $T = C_T \Phi I_a$，取决于每极磁通 Φ 和电枢电流 I_a。$C_T = 9.55 C_e$。

（3）直流电机的功率。

$$P_M = E_a I_a = T\Omega$$

7. 直流发电机和直流电动机的功率平衡方程式

表征直流电机运行时各物理量之间关系的是电压平衡方程式、功率平衡方程式和转矩平衡方程式等基本方程式，它们是分析和使用电动机时必须掌握的内容。直流电动机和发电机的差别，除能量转换方向不同外，还表现在感应电动势 E_a 是大于还是小于端电压 U。对发电机，$E_a > U$，电枢电流 I_a 与电动势 E_a 同方向，发电机输出电能。对电动机，$E_a < U$，电枢电流 I_a 与电动势 E_a 方向相反，因而电动机是吸收电能。发电机的电磁转矩起制动作用，将机械能转换为电能，而电动机的电磁转矩则起拖动作用，将电能转换为机械能。

（1）直流发电机的平衡方程式。

① 直流发电机的电压平衡方程式

$$U = E_a - I_a R_a$$

② 直流发电机的转矩平衡方程式

$$T_1 = T + T_0$$

③ 直流发电机的功率平衡方程式

$$P_1 = P_2 + \sum p$$

④ 直流发电机的效率公式

$$\eta = \frac{P_2}{P_1} \times 100\%$$

⑤ 直流发电机的功率转换关系示意图如图 2.1 所示。

（2）直流电动机的平衡方程式。

① 直流电动机的电压平衡方程式

$$U = E_a + I_a R_a$$

② 直流电动机的转矩平衡方程式

$$T = T_2 + T_0$$

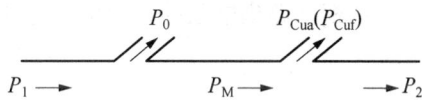

图 2.1 直流发电机的功率转换关系示意图

③ 直流电动机的功率平衡方程式

$$P_1 = P_2 + \sum p$$

④ 直流电动机的效率公式

$$\eta = \frac{P_2}{P_1} \times 100\%$$

⑤ 直流电动机的功率转换关系示意图如图
2.2 所示。

8. 直流发电机和直流电动机的运行特性

直流发电机运行特性主要有空载特性、外特
性、效率特性和调节特性,其中外特性最为重要。

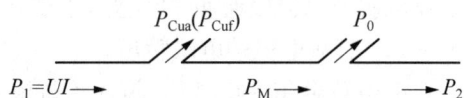

图 2.2 直流电动机的功率转换关系示意图

直流电动机运行特性主要有转速特性、转矩
特性、效率特性等工作特性和机械特性,其中机械特性最为重要。

(1) 直流电动机的固有机械特性。

当电机满足 $U = U_N$,$\Phi = \Phi_N$,$R_C = 0$ 的条件时,得到的机械特性称为固有机械特性。

$$n = \frac{U_N}{C_e\Phi_N} - \frac{R_a}{C_e C_T \Phi_N^2}T = n_0 - \beta T$$

式中,n_0 为理想空载点;β 为固有机械特性的斜率。

固有机械特性的特点(图 2.3):起动转矩大;硬特性稳定性好;特性偏硬不易调速。

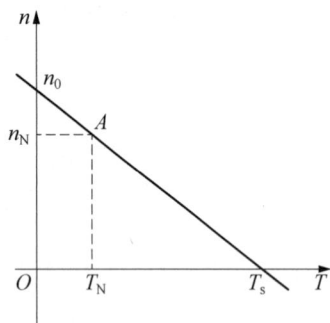

图 2.3 直流电动机的固有机械特性图

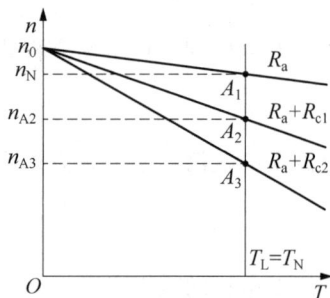

图 2.4 直流电动机电枢回路串电阻的人为机械特性

(2) 直流电动机的人为机械特性。

① 电枢回路串电阻的人为机械特性。

电枢回路串电阻的人为机械特性是一组放射形直线,都过理想空载点(图 2.4)。

$$n = \frac{U_N}{C_e\Phi_N} - \frac{R_a + R_c}{C_e C_T \Phi_N^2}T$$

② 降低电枢电压的人为机械特性。

改变电枢电压时,电动机机械特性的理想空载转速改变,而斜率不变,此时机械特性为
一组平行于固有特性的曲线(图 2.5)。

$$n = \frac{U}{C_e\Phi_N} - \frac{R_a}{C_e C_T \Phi_N^2}T$$

③ 减弱磁通的人为机械特性。

减少气隙磁通时机械特性的理想空载转速升高,斜率增大(图 2.6)。

$$n=\frac{U_{\mathrm{N}}}{C_{\mathrm{e}}\varPhi}-\frac{R_{\mathrm{a}}}{C_{\mathrm{e}}C_{\mathrm{T}}\varPhi^{2}}T$$

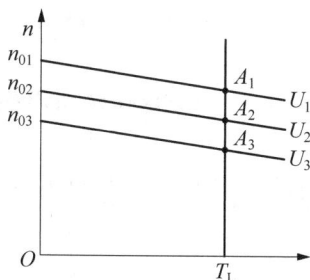

图 2.5　直流电动机降低电枢电压的人为机械特性

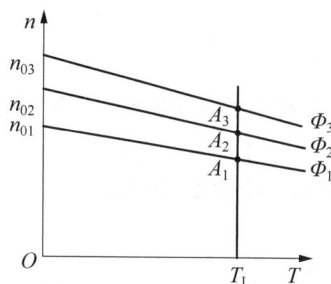

图 2.6　直流电动机减弱磁通的机械特性

9. 直流电机的换向

换向是指电枢绕组元件从一条支路经过电刷而进入另一条支路时,元件内的电流由正变负的整个过程。

要了解产生换向火花的电磁原因和改善换向的措施,需要从产生火花的电磁原因出发,减少换向元件的电抗电动势和电枢反应电动势,就可以有效地改善换向。目前最有效的办法是安换向极(图 2.7)。

对换向极的要求是:

① 换向极应装在几何中性线处;

② 换向极的极性应使所产生的方向与电枢反应磁动势的方向相反;

③ 换向极绕组必须与电枢绕组串联,而且换向极磁路应不饱和。

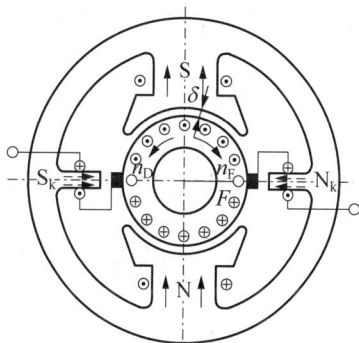

图 2.7　直流电机用换向极改善换向问题示意图

2.2　习题解析

1. 填空题

(1) 直流电机极对数 $p=2$,电枢绕组为单波绕组,则电枢绕组的并联支路数等于_____。

(2) 直流电机的励磁方式有_____、_____、_____、_____。

(3) 直流电机极对数 $p=1$,电枢绕组为单叠绕组,则电枢绕组的并联支路数等于_____。

(4) 一台直流电动机,额定功率 $P_{\mathrm{N}}=96\,\mathrm{kW}$,额定电压 $U_{\mathrm{N}}=440\,\mathrm{V}$,额定电流 $I_{\mathrm{N}}=250\,\mathrm{A}$。这台电动机在额定运行时的效率是_____。

(5) 一台直流电动机,其额定功率 $P_{\mathrm{N}}=18.5\,\mathrm{kW}$,额定电压 $U_{\mathrm{N}}=440\,\mathrm{V}$,额定转速 $n_{\mathrm{N}}=2\,850\,\mathrm{r/min}$,额定效率 $\eta_{\mathrm{N}}=83.3\%$,该电动机额定运行时的输入功率 $P_{1}=$_____,额定电

流 $I_N =$ _____。

(6) 并励直流电动机,当电源反接时,其中 I_a 的方向_____,转速方向_____。

(7) 并励直流电动机改变转向的方法有_____、_____。

(8) 可用下列关系来判断直流电机的运行状态:当_____时为电动机状态,当_____时为发电机状态。

(9) 直流发电机电磁转矩的方向和电枢旋转方向_____;直流电动机电磁转矩的方向和电枢旋转方向_____。

(10) 直流发电机的电磁转矩是_____转矩;直流电动机的电磁转矩是_____转矩。

2. 选择题

(1) 直流发电机发出直流电,其电枢绕组内导体的电势和电流是(   )的。

A. 直流   B. 交流   C. 直流和交流都有   D. 不确定

(2) 直流电动机的额定功率指(   )。

A. 转轴上吸收的机械功率   B. 转轴上输出的机械功率

C. 电枢端口吸收的电功率   D. 电枢端口输出的电功率

(3) 直流电动机工作时,电枢电流的大小主要取决于(   )。

A. 转速大小   B. 负载转矩大小   C. 枢电阻大小   D. 功率大小

(4) 直流电动机的电刷逆转向移动一个小角度,电枢反应性质为(   )。

A. 去磁与交磁   B. 增磁与交磁   C. 纯去磁   D. 纯增磁

(5) 一台直流发电机,由额定运行状态转速下降为原来的 30%,而励磁电流及电枢电流不变,则(   )。

A. 感生电动势 E_a 下降 30%

B. 感生电动势 E_a 和电磁转矩 T 都下降 30%

C. T 下降 30%

D. 端电压 U 下降 30%

3. 判断题

(1) 直流发电机中的电刷间感应电动势和电枢导体中的感应电动势均为直流电动势。

                                                           (   )

(2) 起动直流电动机时,励磁回路应与电枢回路同时接入电源。   (   )

(3) 直流电机主磁通既交链着电枢绕组又交链着励磁绕组,因此这两个绕组中都存在着感应电动势。   (   )

(4) 同一台直流电机既可作发电机运行,也可作电动机运行。   (   )

(5) 直流电动机处于制动状态,意味着电动机将减速停转。   (   )

4. 简答题

(1) 简述直流发电机工作原理,并说明换向器和电刷起什么作用。

(2) 试判断下列情况下,电刷两端的电压是交流的还是直流的:

① 磁极固定,电刷与电枢同时旋转;

② 电枢固定,电刷与磁极同时旋转。

(3) 什么是电机的可逆性?

（4）直流电机有哪些主要部件？试说明它们的作用、结构。

（5）直流电机电枢铁心为什么必须用薄电工钢冲片叠成？磁极铁心何以不同？

（6）简述直流发电机和直流电动机主要的额定参数。

（7）耦合磁场是怎样产生的？它的作用是什么？没有它能否实现机电能量转换？

（8）如果将电枢绕组装在定子上，磁极装在转子上，换向器和电刷应怎样装置才能作直流电机运行？

（9）单叠绕组和单波绕组各有什么特点？其连接规律有何不同？

（10）一台四极、单叠绕组的直流电机，试问：

① 若分别取下一只刷杆或相邻的两只刷杆，对电机的运行有什么影响？

② 若有一元件断线，电刷间的电压有何变化？电流有何变化？

③ 若有一主磁极失磁，将产生什么后果？

（11）什么叫电枢反应？电枢反应对气隙磁场有什么影响？

（12）什么是直流电动机的固有机械特性？写出直流电动机的三种人为机械特性。

（13）如果直流发电机的励磁方式为并励式，用公式写出直流发电机的电机电流 I、励磁电流 I_f 和电枢电流 I_a 之间的关系；如果直流发电机的励磁方式为他励式，用公式写出直流发电机的电机电流 I、励磁电流 I_f 和电枢电流 I_a 之间的关系。

（14）并励直流发电机能自励的基本条件是什么？

（15）把他励直流发电机转速升高 20%，此时无载端电压 U_0 约升高多少？如果是并励直流发电机，电压升高比前者大还是小？

（16）换向元件在换向过程中可能产生哪些电势？各是由什么原因引起的？它们对换向各有什么影响？

（17）换向极的作用是什么？装在什么位置？绕组如何连接？

（18）一台直流电动机改成发电机运行时，是否需要改接换向极绕组？为什么？

（19）直流电机电枢绕组导体中的电流是直流的还是交流的？为什么？

（20）换向器和电刷在直流电机中起什么作用？

（21）直流电机的主磁通既交链着电枢绕组又交链着励磁绕组，为什么只在电枢绕组里产生感应电动势？

（22）他励直流电动机的电磁功率指的是什么？

（23）直流电机的铁心损耗是存在于定子中还是存在于转子中？为什么？

（24）说明下列情况下空载电动势的变化：

① 每极磁通减少 10%，其他不变；

② 励磁电流增大 10%，其他不变；

③ 电机转速增加 20%，其他不变。

（25）他励直流电动机运行在额定状态，负载为恒转矩负载，如果减小磁通，电枢电流是增大、减小还是不变？

（26）旋转电机模型的基本结构由哪些部分组成？其各自有什么作用？气隙又有何作用？

（27）电机中存在哪些能量损耗？有哪些因素会影响电机发热？电动机与发电机的功率传递有何不同？

(28) 在直流电机中,电枢磁动势能否在励磁绕组中产生感应电动势? 为什么?

(29) 一台他励直流电动机拖动恒转矩负载时,若电枢端电压变化或电枢回路所串电阻变化,电动机稳态运行时电枢电流是否变化? 为什么?

(30) 电枢反应的性质由什么决定? 交轴电枢反应对每极磁通量有什么影响? 直轴电枢反应的性质由什么决定?

(31) 直流电机空载和负载运行时,气隙磁场各由什么磁动势建立?

3. 计算题

(1) 一台直流发电机,其额定功率 $P_N = 145\,kW$,额定电压 $U_N = 220\,V$,额定转速 $n_N = 1450\,r/min$,额定效率 $\eta_N = 90\%$,求该发电机的输入功率 P_1 及额定电流 I_N。

(2) 一台直流电动机,其额定功率 $P_N = 18.5\,kW$,额定电压 $U_N = 440\,V$,额定转速 $n_N = 2850\,r/min$,额定效率 $\eta_N = 83.3\%$,求该电动机额定运行时的输入功率 P_1 及额定电流 I_N。

(3) 某直流电机,$P_N = 4\,kW$,$U_N = 110\,V$,$n_N = 1000\,r/min$ 以及 $\eta_N = 0.8$。 若是直流发电机,试计算额定电流 I_N、额定电磁转矩 T_N(忽略空载转矩 T_0);如果是直流电动机,再计算 I_N、额定电磁转矩 T_N(忽略 T_0)。

(4) 一台直流电机,$P = 3$,单叠绕组,电枢绕组总导体数 $N = 398$,每极下磁通的数值是 $\Phi = 2.1 \times 10^{-2}\,Wb$,若①转速 $n = 1500\,r/min$;②转速 $n = 500\,r/min$,求电枢绕组的感应电动势 E_a。

(5) 一台直流发电机,额定功率 $P_N = 30\,kW$,额定电压 $U_N = 230\,V$,额定转速 $n_N = 1500\,r/min$,极对数 $p = 2$,电枢总导体数 $N = 572$,气隙每极磁 $\Phi = 0.015\,Wb$,单叠绕组。 求:①额定运行时的电枢感应电动势 E_a;②额定运行时的电磁转矩 T。

(6) 已知一台并励直流发电机,额定功率 $P_N = 10\,kW$,额定电压 $U_N = 230\,V$,额定转速 $n_N = 1450\,r/min$,电枢回路各绕组总电阻 $R_a = 0.486\,\Omega$,励磁绕组电阻 $R_f = 215\,\Omega$,一对电刷上压降为 $2\,V$,额定负载时的电枢铁损耗 $p_{Fe} = 442\,W$ 和机械损耗 $p_m = 104\,W$,求:①额定负载时的电磁功率和电磁转矩;②额定负载时的效率。

(7) 一台他励直流电动机,额定功率 $P_N = 96\,kW$,额定电压 $U_N = 440\,V$,额定电流 $I_N = 250\,A$,额定转速 $n_N = 500\,r/min$,电枢回路总电阻 $R_a = 0.078\,\Omega$。 忽略电枢反应的影响,求:①理想空载转速 n_0;②固有机械特性斜率 β。

(8) 一台他励直流电动机的铭牌数据为:额定功率 $P_N = 50\,kW$,额定电压 $U_N = 220\,V$,额定电流 $I_N = 250\,A$,额定转速 $n_N = 1150\,r/min$,电枢回路电阻 $R_a = 0.044\,\Omega$。 电动机拖动恒转矩负载运行 $T_L = T_N$,计算其固有机械特性。

(9) 一台他励直流电动机的额定数据为:$P_N = 17\,kW$,$U_N = 220\,V$,$n_N = 1500\,r/min$,$\eta_N = 83\%$。 计算额定电枢电流 I_N、额定转矩 T_N(忽略 T_0)和额定负载时的输入电功率 P_1。

(10) 一台他励直流电动机的额定数据为:$P_N = 5\,kW$,$U_N = 220\,V$,$n_N = 1000\,r/min$,$\Delta p_{Cua} = 500\,W$,$\Delta p_0 = 395\,W$。 计算额定运行时电动机的电磁转矩 T,输出转矩 T_2,空载转矩 T_0,输入功率 P_1,效率 η_N,电枢电阻 R_a。

(11) 一台他励直流发电机的额定数据为:$P_N = 46\,kW$,$U_N = 230\,V$,$n_N = 1000\,r/min$,$R_a = 0.1\,\Omega$,已知 $\Delta p_0 = 1\,kW$,$\Delta p_{add} = 0.01 P_N$。 求额定负载下的输入功率 P_1、电磁功率 P_M 及效率 η_N。

(12) 一台他励直流电动机铭牌数据为:$P_N = 40\,kW$,$U_N = 220\,V$,$I_N = 210\,A$,$n_N =$

$1000\,\mathrm{r/min}$，$R_\mathrm{a}=0.078\,\Omega$，试求额定状态下：①输入功率 P_1 和总损耗 $\sum p$；②电枢铜损耗 p_Cua、电磁功率 P_e 及铁损耗与机械损耗之和 $p_\mathrm{Fe}+p_\mathrm{m}$；③额定电磁转矩 T、输出转矩 T_2 和空载转矩 T_0。

参考答案

1. 填空题

(1) 2　(2) 他励；串励；并励；复励　(3) 2　(4) 87.27%　(5) 22.2 kW；50.47 A
(6) 相反；不变　(7) 将电枢绕组的两个接线端对调；将励磁绕组的两个接线端对调，但二者不能同时对调　(8) $E_\mathrm{a}<U$；$E_\mathrm{a}>U$　(9) 相反；相同　(10) 制动；驱动

2. 选择题

(1) B　(2) B　(3) B　(4) A　(5) A

3. 判断题

(1) ×　(2) ×　(3) ×　(4) √　(5) ×

4. 简答题

(1) 答　直流发电机的工作原理：当原动机拖动直流发电机的电枢以恒速 n 沿着逆时针方向旋转时，在线圈中会有感应电动势产生，其大小为 $E=BLv$，由于线圈一会儿在 N 极下，一会儿在 S 极下，因此这个感应电动势的方向是变化的，即线圈中的电动势 E 及电流 i 的方向是交变的，只是在经过电刷和换向片的整流作用后，才使外电路得到方向不变的直流电。换向器和电刷的作用：把线圈中的交变电动势及电流整流成外电路方向不变的直流电。

(2) 答　由直流发电机原理可知，只有电刷和磁极保持相对静止，在电刷两端的电压才为直流电压，由此，①交流：因为电刷与磁极相对运动。②直流：因为电刷与磁极相对静止。

(3) 答　一台直流电机原则上既可以作为电动机运行，也可以作为发电机运行，只是外界条件不同而已。如果用原动机拖动电枢恒速旋转，就可以从电刷端引出直流电动势而作为直流电源对负载供电；如果在电刷端外加直流电压，则电动机就可以带动轴上的机械负载旋转，从而把电能转变成机械能。这种同一台电机能作电动机或作发电机运行的原理，称为电机的可逆原理。

(4) 答　直流电机由定子（静止部分）和转子（转动部分）两大部分组成。定子部分包括机座、主磁极、换向极和电刷装置等。

主磁极铁心用 $1\sim1.5\,\mathrm{mm}$ 厚的低碳钢板叠压而成。主极的作用是在定转子之间的气隙中建立磁场。

换向极：换向极铁心一般用整块钢或钢板加工而成，换向极绕组与电枢绕组串联。换向极的作用是改善换向。

机座通常用铸钢或厚钢板焊成。机座有两个作用，一是作为电机磁路系统中的一部分，二是用来固定主磁极。

电刷装置由电刷、刷握、刷杆座和铜丝辫组成，电刷的作用是把转动的电枢绕组与静止的外电路相连接，并与换向器相配合，起到整流或逆变器的作用。

直流电机的转子称为电枢，包括电枢铁心、电枢绕组、换向器、风扇、轴和轴承等。

电枢铁心通常用 0.5 mm 厚的两面涂有绝缘漆的硅钢片叠压而成,是电机主磁路的一部分,且用来嵌放电枢绕组。

电枢绕组是由许多按一定规律连接的线圈组成,它是直流电机的主要电路部分,也是通过电流和感应电动势,从而实现机电能量转换的关键性部件。

换向器也是直流电机的重要部件。换向器与电刷相配合,起到整流或逆变器的作用。

(5)**答**　为了减少电枢旋转时电枢铁心中因磁通交变而引起的磁滞及涡流损耗,电枢铁心通常用 0.5 mm 厚的两面涂有绝缘漆的硅钢片叠压而成。磁极铁心中的磁通本来是恒定的,但因电枢旋转时电枢铁心齿槽的影响,磁极铁心中的磁通会来回摆动,从而产生铁心损耗,所以常采用 1~1.5 mm 厚的低碳钢板冲制而成。

(6)**答**　直流发电机和直流电动机的主要额定参数如下:

① 额定容量(功率)P_N(kW):直流发电机的额定容量是电功率,直流电动机的额定容量是机械功率,直流发电机的额定容量为 $P_N = U_N I_N$,而直流电动机的额定功率为 $P_N = U_N I_N \eta_N$。

② 额定电压 U_N(V):直流电动机的额定电压是外接电源的额定电压,直流发电机的额定电压是电枢绕组输出到电刷两端的额定电压。

③ 额定电流 I_N(A):直流电动机的额定电流是电动机从电源消耗的额定电流,直流发电机的额定电流是直流发电机提供给负载的额定电流。

④ 额定转速 n_N(r/min):直流电动机的额定转速是在电磁转矩的驱动下,电动机转子的额定转速,直流发电机的额定转速是原动机带动转子旋转的额定转速。

⑤ 额定励磁电流 I_{fN}(A):额定状态下运行时产生励磁磁场的电流。

⑥ 额定效率 η_N:额定状态下运行时的效率。

(7)**答**　耦合磁场是由励磁绕组电流所产生的磁场和电枢绕组电流所产生的磁场合成产生的,它是使电机感应电动势和电磁转矩产生所不可缺少的因素。没有它是不能实现机电能量转换的。

(8)**答**　由直流发电机原理可知,只有电刷和磁极保持相对静止,在电刷两端的电压才为直流,所以换向器应装在定子上,电刷应该放在转子上,再通过滑环和静止的电刷与外电路相连。

(9)**答**　单叠绕组的特点为:

① 并联支路数等于磁极数,即 $2a = 2p$。

② 每条支路由不相同的电刷引出,所以电刷不能少,电刷数等于磁极数。

单波绕组的特点为:

① 同极性下各元件串联起来组成一条支路,支路对数 $a = 1$,与磁极对数 p 无关。

② 从理论上讲,单波绕组只需安置一对正负电刷就够了。但为了减少电刷的电流密度与缩短换向器长度,节省用铜,一般仍采用电刷组数应等于极数(采用全额电刷)。在连接方式上,叠绕组元件的两个出线端连接于相邻两个换向片上($y = y_k = 1$);波绕组的特点是每个绕组元件的两端所接的换向片相隔较远,互相串联的两个元件相隔较远($y = y_k \approx 2\tau$)。

(10)**答**　① 取下一只或相邻两只电刷后,并联支路数减少一半。若是发电机,使输出功率减小一半;若是电动机,则转矩和功率均减半。

对发电机仍能运行;对电动机,在轻载时尚能运行,重载或满载时不能运行。不管怎样,它们的工作状态均属正常。

② 若一元件断线,则该元件所在的支路断开,其余三条支路不变。因此,电刷间的电压不变,电流减小,电机能带 3/4 的额定负载。

③ 当一主磁极失去励磁时,该磁极下的一条支路无电动势,不产生电流和电磁转矩,功率减小,对多极电机可能产生不平衡状态。

(11) 答 电机负载运行,电枢绕组中就有了电流,电枢电流也产生磁动势,叫电枢磁动势。电枢磁动势的出现,必然会影响空载时只有励磁磁动势单独作用的磁场,有可能改变气隙磁密分布情况及每极磁通量的大小。这种现象称为电枢反应。

设电刷在几何中性线上,此时的电枢反应称为交轴电枢反应。交轴电枢反应作用如下:

① 交轴电枢磁场在半个极内对主极磁场起去磁作用,在另半个极内则起增磁作用,引起气隙磁场畸变,使电枢表面磁通密度等于零的位置偏移几何中性线。

② 不计饱和,交轴电枢反应既无增磁,亦无去磁作用。考虑饱和时,呈一定的去磁作用。

(12) 答 当电机满足 $U = U_N$,$\Phi = \Phi_N$,$R_C = 0$ 的条件时,所得的机械特性称为固有机械特性。其表达式为 $n = \dfrac{U_N}{C_e \Phi} - \dfrac{R_a}{C_e C_T \Phi_N^2} T$。

三种人为机械特性:

① 电枢回路串电阻的人为机械特性;

② 改变电枢电压的人为机械特性;

③ 减少气隙磁通的人为机械特性。

(13) 答 并励直流发电机,$I_a = I + I_f$;他励直流发电机,$I_a = I$。

(14) 答 ① 电机必须有剩磁;

② 励磁绕组的接线与电枢旋转方向必须正确配合,以使励磁电流产生的磁场方向与剩磁方向一致;

③ 励磁回路的电阻应小于与电机运行转速相对应的临界电阻。

(15) 答 已知 $U_0 = E_a = C_e \Phi n$,所以:

① 他励发电机 $I_f = \dfrac{U_f}{R_f} = C$,即 $\Phi = C$,

$$U_0' = E_a' = C_e \Phi n' = C_e \Phi (1.2n) = 1.2 C_e \Phi n = 1.2 U_0$$

空载电压增加 1.2 倍。

② 并励发电机若转速升高,$\Phi = C$,情况同上,空载电压 U_0 增加 1.2 倍,但在 U_0 增加的同时,$I_f = \dfrac{U_0}{R_f}$ 也相应增加,从而导致 Φ 也增大,因此并励发电机空载电压增加的程度比他励发电机大。

(16) 答 电抗电动势 e_r,它是由换向元件中电流变化时,自感与互感作用所引起的感应电动势,起阻碍换向的作用。

电枢反应电动势 e_a,它是由换向元件切割电枢磁场,而在其中产生的一种旋转电动势,它也起着阻碍换向的作用。

（17）**答** 装换向极的作用是在换向元件所在处建立一个磁动势 F_K，其一部分用来抵消电枢反应磁动势，剩下部分用来在换向元件所在气隙建立磁场 B_K，换向元件切割 B_K 产生感应电动势 e_K，且让 e_K 的方向与 e_r 相反，使合成电动势 $\sum e = e_r + e_a + e_K = 0$，以改善换向。换向极装在相邻两主极之间，即几何中性线处。换向极绕组与电枢绕组串联。

（18）**答** 可以。因为换向极绕组与电枢绕组串联，当一台直流电动机改成发电机运行时，电枢电流反向时，其产生的电枢磁势反向，但此时换向极的电流和它的极性亦反向，因此作发电机运行时，其换向极能起改善换向的作用；当作为电动机运行时，换向极也能起改善换向的作用。

（19）**答** 直流电机电枢绕组导体中的电流是交流的，因为无论是直流电动机还是直流发电机，电枢绕组中的各导体交替地在不同定子磁极下运动，当某导体处于定子同一磁极（如 N 极）下时，导体中的电流必然是某一方向；当该导体处于定子另一磁极（如 S 极）下时，导体中的电流必然是相反方向，这样才能产生恒定方向的电磁转矩（对电动机而言）或恒定方向的感应电动势（对发电机而言）。

（20）**答** 换向器和电刷是直流电机中最重要的部件，对于直流发电机，其作用是将电枢绕组元件中的交变电动势转换为电刷间的直流电动势；对于直流电动机，则是将输入的直流电流转换为电枢绕组元件中的交变电流，以产生恒定方向的电磁转矩。

（21）**答** 因为直流电机的主磁通由定子励磁绕组通入直流励磁电流而产生，是一恒定的磁场，它与励磁绕组间没有相对运动，所以只在转子电枢绕组里产生感应电动势。

（22）**答** 他励直流电动机的电磁功率 P_M 是指由定子方通过气隙传入转子方的功率，可以由定子方的输入电功率 P_1 扣除定子铜耗 Δp_{Cua} 来计算，也可以由转子方的输出机械功率 P_2 加上铁心损耗 Δp_{Fe}、机械摩擦损耗 Δp_m 和附加损耗 Δp_{add} 来计算，即

$$P_{em} = P_1 - \Delta p_{Cua} = P_2 + \Delta p_{Fe} + \Delta p_m + \Delta p_{add}$$

（23）**答** 直流电机的铁心损耗存在于转子中，因为直流电机的定子铁心相对于定子主磁场是静止的，没有铁心损耗；转子相对于主磁场是运动的，转子铁心中存在变化的磁场。

（24）**答** 根据直流电机感应电动势（即空载电动势）的基本计算公式

$$E_a = C_e \Phi n$$

① 若每极磁通 Φ 减少 10%，则空载电动势 E_a 减小 10%；

② 若励磁电流 I_f 增大 10%，因电机磁路存在非线性的磁饱和效应，空载电动势 E_a 将增大，但低于 10%；

③ 若电机转速 n 增加 20%，则空载电动势 E_a 增大 20%。

（25）**答** 根据他励直流电动机的电压平衡方程和转矩平衡方程

$$U_a = E_a + I_a R_a = C_e \Phi n + I_a R_a, \quad T = T_L = C_T \Phi I_a$$

如果减小磁通 Φ，则感应电动势 E_a 减小，电枢电流 I_a 将增大，以保持转矩 $T = T_L$ 的平衡关系。

（26）**答** 旋转电机模型的基本结构由定子、转子和气隙三个部分组成。定子是固定不

动的,转子是运动的,它们之间隔着一层薄薄的气隙。在定子和转子上分别按需要安装若干线圈,其目的是在气隙中产生磁场。气隙磁场往往要求按一定的形式分布,例如正弦分布磁场。电机作为一种机电能量转换装置,能够将电能转换为机械能,也能将机械能转换为电能。

由于机械系统和电气系统是两种不同的系统,其能量转换必须有一个中间媒介,这个任务就是由气隙构成的耦合磁场来完成的。

（27）**答** 电机进行机电能量转换时总是存在能量损耗,能量损耗将引起电机发热和效率降低。一般来说,电机的能量损耗可分为两大类。

① 机械损耗:由电机的运动部件的机械摩擦和空气阻力产生的损耗,这类损耗与电机的机械构造和转速有关。

② 电气损耗:主要包括导体损耗、电刷损耗和铁耗等。导体损耗是由电机的线圈电阻产生的损耗,有时又称为铜耗,通常在电机的定子和转子上都会产生铜耗;电刷损耗是由电刷的接触电压降引起的能量损耗;铁耗是由电机铁磁材料的磁滞效应和涡流效应所产生的一种损耗,主要取决于磁通密度、转速和铁磁材料的特性。

发电机与电动机的功率传递过程如图 2.8 所示,图(a)是发电机将机械能转换为电能,图(b)是电动机将电能转换为机械能。

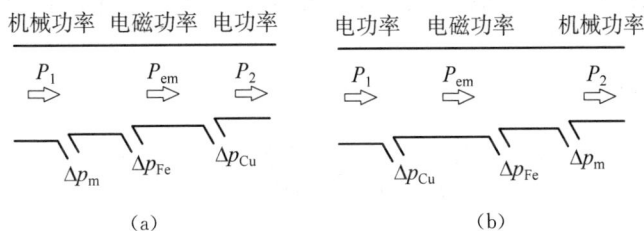

图 2.8 习题(27)图

（28）**答** 直流电机励磁磁场会在电枢绕组中产生感应电动势,是因为电枢绕组旋转时与励磁磁场之间有相对运动,而电枢磁动势 F_a 在空间位置是不动的(尽管电枢在旋转),其产生的磁场在空间也是固定不动的,与励磁绕组之间没有相对运动,所以电枢磁场不会在励磁绕组中产生感应电动势。

（29）**答** 当他励直流电动机拖动恒转矩负载运行时,在励磁不变的情况下,由电磁转矩公式可知 $T = C_T \varphi I_a$,若电枢端电压变化或电枢回路所串电阻变化,稳态时电动机电枢电流都是基本不变的,因为负载转矩与电枢电流几乎是成正比的。

（30）**答** 电枢反应的性质由电刷位置决定,电刷在几何中性线上时电枢反应是交轴性质的,它主要改变气隙磁场的分布形状,磁路不饱和时每极磁通量不变,磁路饱和时则有一定的去磁作用,使每极磁通量减小。电刷偏离几何中性线时将产生两种电枢反应:交轴电枢反应和直轴电枢反应。当电刷在发电机中顺着电枢旋转方向偏离,在电动机中逆转向偏离时,直轴电枢反应是去磁的,反之则是增磁的。

（31）**答** 空载时的气隙磁场由励磁磁动势建立,负载时气隙磁场由励磁磁动势和电枢磁动势共同建立。负载后电枢绕组的感应电动势应该用合成气隙磁场对应的主磁通进行计算。

3. 计算题

(1) **解** 额定输入功率 $P_1 = \dfrac{P_N}{\eta_N} = \dfrac{145\,kW}{0.9} \approx 161\,kW$

额定电流 $\qquad I_N = \dfrac{P_N}{U_N} = \dfrac{145 \times 10^3\,W}{220\,V} \approx 659.1\,A$

(2) **解** 额定输入功率 $P_1 = \dfrac{P_N}{\eta_N} = \dfrac{18.5\,kW}{0.833} \approx 22.2\,kW$

额定电流 $\qquad I_N = \dfrac{P_1}{U_N} = \dfrac{22.2 \times 10^3}{440}\,A \approx 50.45\,A$

(3) **解** 若是直流发电机,

$$I_N = \dfrac{P_N}{U_N} = \dfrac{4 \times 10^3}{110}\,A \approx 36.36\,A$$

忽略 T_0,

$$T_N \approx T_1 = 9\,550\,\frac{P_1}{n_N} = 9\,550\,\frac{P_N}{\eta_N n_N} = 9\,550 \times \frac{4}{0.8 \times 1\,000}\,N \cdot m = 47.75\,N \cdot m$$

若是直流电动机,

$$I_N = \dfrac{P_N}{U_N \eta_N} = \dfrac{4 \times 10^3\,W}{110\,V \times 0.8} \approx 45.45\,A$$

忽略 T_0,

$$T_N \approx 9\,550 \times \dfrac{P_N}{n_N} = 9\,550 \times \dfrac{4}{1\,000}\,N \cdot m = 38.2\,N \cdot m$$

(4) **解** ① 转速 $n = 1\,500\,r/min$,电枢绕组的感应电动势为

$$E_a = C_e \Phi n = \dfrac{pN}{60a} \Phi n = \dfrac{3 \times 398}{60 \times 3} \times 0.021 \times 1\,500\,V = 208.95\,V$$

② 转速 $n = 500\,r/min$,电枢绕组的感应电动势为

$$E_a = C_e \Phi n = \dfrac{pN}{60a} \Phi n = \dfrac{3 \times 398}{60 \times 3} \times 0.021 \times 500\,V = 69.65\,V$$

(5) **解** ① 额定运行时的电枢感应电动势 E_a:

$$E_{aN} = C_e \Phi_N n_N = \dfrac{pN}{60a} \Phi_N n_N = \dfrac{2 \times 572}{60 \times 2} \times 0.015 \times 1\,500\,V = 214.5\,V$$

$$I_{aN} = I_N = \dfrac{P_N}{U_N} = \dfrac{30 \times 10^3}{230}\,A \approx 130.4\,A$$

② 额定运行时的电磁转矩 T：

$$T_N = C_T \Phi_N I_{aN} = \frac{pN}{2\pi a} \Phi_N I_{aN} = \frac{2 \times 572}{2\pi \times 2} \times 0.015 \times 130.4 \, \text{N} \cdot \text{m} \approx 178.1 \, \text{N} \cdot \text{m}$$

（6）**解**　① 额定负载时的电磁功率和电磁转矩。

额定电流

$$I_{aN} = I_N + I_{fN} = \frac{P_N}{U_N} + \frac{U_N}{R_f} = \frac{10 \times 10^3}{230} \, \text{A} + \frac{230}{215} \, \text{A} \approx 44.55 \, \text{A}$$

额定负载时的感生电动势

$$E_{aN} = U_N + I_{aN} R_a + 2\Delta U = (230 + 44.55 \times 0.486 + 2) \, \text{V} \approx 253.7 \, \text{V}$$

额定负载时的电磁功率

$$P_{MN} = E_{aN} I_{aN} = 253.7 \times 44.55 \, \text{W} \approx 11.3 \, \text{kW}$$

额定负载时的电磁转矩

$$T_N = 9\,550 \frac{P_{MN}}{n_N} = 9\,550 \times \frac{11.3}{1\,450} \, \text{N} \cdot \text{m} \approx 74.42 \, \text{N} \cdot \text{m}$$

② 额定负载时的效率。

额定负载时的输入功率

$$P_{1N} = P_{MN} + p_m + p_{Fe} = (11.3 + 0.104 + 0.442) \, \text{kW} = 11.846 \, \text{kW}$$

额定负载时的效率

$$\eta_N = \frac{P_N}{P_{1N}} = \frac{10}{11.846} \approx 84.4\%$$

（7）**解**　① 额定运行感生电动势

$$E_{aN} = U_N - I_N R_a = 420.5 \, \text{V}$$

$$C_e \Phi_N = \frac{U_N - I_N R_a}{n_N} = \frac{E_{aN}}{n_N} = \frac{420.5}{500} \approx 0.84$$

理想空载转速

$$n_0 = \frac{U_N}{C_e \Phi_N} = \frac{440}{0.84} \, \text{r/min} \approx 523.81 \, \text{r/min}$$

② 固有机械特性斜率

$$\beta = \frac{R_a}{C_e C_T \Phi_N^2} = \frac{R_a}{9.55(C_e \Phi)^2} = \frac{0.078}{9.55 \times 0.84^2} \approx 0.01$$

（8）**解**　额定运行感生电动势

$$E_{aN} = U_N - I_N R_a = (220 - 250 \times 0.044) \, \text{V} = 209 \, \text{V}$$

$$C_e\Phi_N = \frac{U_N - I_N R_a}{n_N} = \frac{E_{aN}}{n_N} = \frac{209}{1\,150} \approx 0.182$$

理想空载转速

$$n_0 = \frac{U_N}{C_e\Phi_N} = \frac{220}{0.182}\,\text{r/min} \approx 1\,209\,\text{r/min}$$

固有机械特性斜率

$$\beta = \frac{R_a}{C_e C_T \Phi_N^2} = \frac{R_a}{9.55(C_e\Phi)^2} = \frac{0.044}{9.55 \times 0.182^2} \approx 0.139$$

电动机固有机械特性

$$n = n_0 - \beta T = 1\,209 - 0.139T$$

(9) **解** 额定负载时的输入电功率

$$P_1 = \frac{P_N}{\eta} = \frac{17}{0.83}\,\text{kW} \approx 20.48\,\text{kW}$$

额定电枢电流

$$I_N = \frac{P_1}{U_N} = \frac{20.48 \times 10^3}{220}\,\text{A} \approx 93.09\,\text{A}$$

额定转矩

$$T_N = 9.55\frac{P_N}{n_N} = 9.55 \times \frac{17 \times 10^3}{1\,500}\,\text{N·m} \approx 108.23\,\text{N·m}$$

(10) **解** 输出转矩

$$T_2 = 9.55\frac{P_N}{n_N} = 9.55 \times \frac{5 \times 10^3}{1\,000}\,\text{N·m} = 47.75\,\text{N·m}$$

空载转矩

$$T_0 = 9.55\frac{\Delta p_0}{n_N} = 9.55 \times \frac{395}{1\,000}\,\text{N·m} \approx 3.77\,\text{N·m}$$

电磁转矩

$$T = T_2 + T_0 = (47.75 + 3.77)\,\text{N·m} = 51.52\,\text{N·m}$$

输入功率

$$P_1 = P_M + \Delta p_{Cua} = P_N + \Delta p_0 + \Delta p_{Cua} = (5 + 0.395 + 0.5)\,\text{kW} = 5.895\,\text{kW}$$

额定效率

$$\eta_N = \frac{P_N}{P_1} \times 100\% = \frac{5}{5.895} \times 100\% \approx 84.8\%$$

电枢电阻

$$R_a = \frac{\Delta p_{Cua}}{I_N^2} = \frac{\Delta p_{Cua}}{\left(\frac{P_1}{U_N}\right)^2} = \frac{500}{\left(\frac{5\,895}{220}\right)^2}\,\Omega \approx 0.696\,\Omega$$

(11) **解**　电枢电流

$$I_N = \frac{P_N}{U_N} = \frac{46 \times 10^3}{230}\,A = 200\,A$$

定子铜耗

$$\Delta p_{Cua} = I_N^2 R_a = 200^2 \times 0.1\,W = 4\,kW$$

输入功率

$$P_1 = P_N + \Delta p_{Cua} + \Delta p_0 + \Delta p_{add} = (46 + 4 + 1 + 0.01 \times 46)\,kW = 51.46\,kW$$

电磁功率

$$P_M = P_N + \Delta p_{Cua} = (46 + 4)\,kW = 50\,kW$$

效率

$$\eta_N = \frac{P_N}{P_1} \times 100\% = \frac{46}{51.46} \times 100\% \approx 89.4\%$$

(12) **解**　① 输入功率

$$P_1 = U_N I_N = 220 \times 210\,W = 46\,200\,W$$

总损耗

$$\sum p = P_1 - P_N = (46\,200 - 40\,000)\,W = 6\,200\,W$$

② 铜耗

$$p_{Cua} = I_a^2 R_a = 210^2 \times 0.078\,W = 3\,439.8\,W$$

电磁功率

$$P_M = P_1 - p_{Cua} = (46\,200 - 3\,439.8)\,W = 42\,760.2\,W$$

铁耗与机械损耗

$$p_{Fe} + p_m = P_M - P_N - p_{add} = (42\,760.2 - 40\,000 - 40\,000 \times 1\%)\,W = 2\,360.2\,W$$

③ 电磁转矩

$$T = \frac{P_M}{\Omega} = 9.55\frac{P_M}{n_N} = 9.55 \times \frac{42\,760.2}{1\,000}\,N \cdot m \approx 408.4\,N \cdot m$$

输出转矩

$$T_2 = \frac{P_N}{\Omega} = 9.55 \frac{P_N}{n_N} = 9.55 \times \frac{40\,000}{1\,000} \text{N} \cdot \text{m} = 382 \text{N} \cdot \text{m}$$

空载转矩

$$T_0 = T - T_2 = (408.4 - 382) \text{N} \cdot \text{m} = 26.4 \text{N} \cdot \text{m}$$

第 3 章

直流电动机的电力拖动

3.1 知识点归纳

1. 电力拖动系统的运动方程

（1）电力拖动系统的组成。

拖动就是由原动机带动生产机械产生运动。以电动机作为原动机拖动生产机械运动的拖动方式,称为电力拖动。如图 3.1 所示,电力拖动系统一般由电动机、生产机械的传动机构、工作机构、控制设备和电源组成,通常又把传动机构和工作机构称为电动机的机械负载。

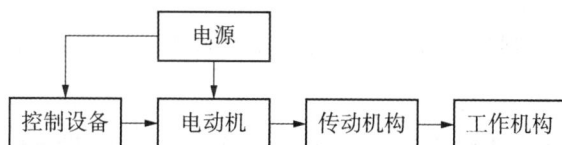

图 3.1　电力拖动系统的组成

（2）电力拖动系统的运动方程式。

① 运动方程。

电力拖动系统经过化简,都可转为电动机转轴与生产机械的工作机构直接相连的单轴电力拖动系统,根据牛顿力学定律,该系统的运动方程为

$$T_e - T_L = J \frac{d\omega}{dt}$$

式中,T_e 为电动机的电磁转矩(N·m);T_L 为生产机械的阻转矩(N·m);J 为电动机轴上的总转动惯量(kg·m²);ω 为电动机的角速度(rad/s)。

在工程计算中,通常用转速 n(r/min)代替角速度 ω;用飞轮惯量或称飞轮力矩 GD^2 代替转动惯量 J。电力拖动运动方程的实用形式为

$$T_{em} - T_L = \frac{GD^2}{375} \cdot \frac{dn}{dt}$$

式中,$375 = 4g \times 60/2\pi$,是具有加速度量纲的系数。

J 与 GD^2 的关系为

$$J = mr^2 = \frac{GD^2}{4g}$$

g 为重力加速度,可取 $g = 9.81\,\text{m/s}^2$。

② 运动方程中方向的约定。

运动方程式中的 T_e、T_L 和 n 都是有方向的,它们的实际方向可以根据参考正方向,用正、负号来表示。正方向的确定,以 n 为参考方向,T_e 与 n 同方向取正,T_L 与 n 反方向取正。

③ 运动方程的物理意义。

运动方程式表明电力拖动系统的转速变化 $\dfrac{\mathrm{d}n}{\mathrm{d}t}$(即加速度)由电动机的电磁转矩 T_e 与生产机械的负载转矩 T_L 的关系决定:

当 $T_e = T_L$ 时,$\dfrac{\mathrm{d}n}{\mathrm{d}t} = 0$,表示电动机以恒定转速旋转或静止不动,电力拖动系统的这种运动状态被称为静态或稳态;

当 $T_e > T_L$ 时,$\dfrac{\mathrm{d}n}{\mathrm{d}t} > 0$,系统处于加速状态;

当 $T_e < T_L$ 时,$\dfrac{\mathrm{d}n}{\mathrm{d}t} < 0$,系统处于减速状态。

也就是一旦 $\dfrac{\mathrm{d}n}{\mathrm{d}t} \neq 0$,则转速将发生变化,这种运动状态称为动态或过渡状态。

2. 负载转矩特性

在运动方程式中,负载转矩 T_L 与转速 n 的关系 $T_L = f(n)$ 即为生产机械的负载转矩特性。大多数生产机械的负载转矩特性可归纳为下列三种类型。

(1) 恒转矩负载特性。

所谓恒转矩负载特性,就是指负载转矩 T_L 与转速 n 无关的特性,即当转速变化时,负载转矩 T_L 保持常值。恒转矩负载特性又可分为反抗性负载特性和位能性负载特性两种。

① 反抗性恒转矩负载特性的特点是,恒值转矩 T_L 总是反对运动的方向。根据前述正负符号的规定,当正转时,n 为正,转矩 T_L 为反向,应取正号,即为 $+T_L$;当反转时,n 为负,转矩 T_L 为正向,应变为 $-T_L$。显然,反抗性恒转矩负载特性应画在第一与第三象限内[图 3.2(a)],属于这类特性的负载有金属的压延、机床的平移机构等。

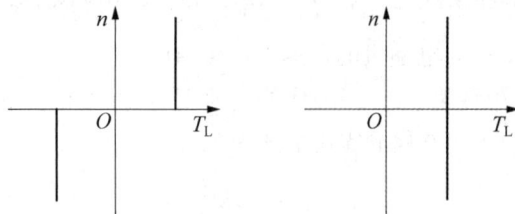

(a) 反抗性恒转矩负载特性　　(b) 位能性恒转矩负载特性

图 3.2　恒转矩负载特性

　　② 位能性恒值负载转矩则与反抗性的特性不同,其特点是转矩 T_L 具有固定的方向,不随转速方向改变而改变。不论重物提升(n 为正)或下放(n 为负),负载转矩始终为反方向,即 T_L 始终为正,特性画在第一与第四象限内[图 3.2(b)],表示恒值特性的直线是连续的。提升时,转矩 T_L 反对提升;下放时,T_L 却帮助下放,这是位能性负载的特点。

　　(2) 恒功率负载特性。

　　有些生产机械,比如车床,在粗加工时,切削量大,切削阻力大,此时开低速;在精加工时,切削量小,切削阻力小,往往开高速。因此,在不同转速下,负载转矩基本上与转速成反比,即

$$T_L = \frac{k}{n}$$

　　在不同转速下,电力拖动系统的功率保持不变,负载转矩 T_L 与 n 的特性曲线呈现恒功率的性质(图 3.3)。

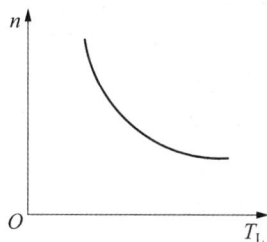

图 3.3　恒功率负载特性　　　　图 3.4　通风机负载特性

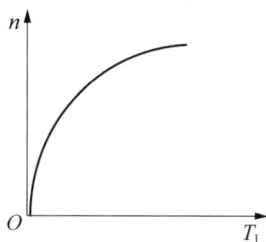

　　(3) 通风机负载特性。

　　通风机负载的转矩与转速大小有关,基本上与转速的平方成正比(图 3.4),即

$$T_L = kn^2$$

　　属于通风机负载特性的生产机械是按离心力原理工作的,如水泵、风机、油泵等。

　　实际生产机械的负载转矩特性可能是以上几种典型特性的综合。例如,实际通风机除了主要是通风机负载特性外,由于其轴承上还有一定的摩擦转矩 T_f,因此实际通风机负载特性应为 $T_L = T_f + kn^2$;实际的起货机的负载特性,除了位能负载特性外,还应考虑起货机传动机构等部件的摩擦转矩。

3. 多轴电力拖动系统的化简

　　实际的电力拖动系统往往是复杂的,有的生产机械需要通过传动机构进行转速匹配,因此增加了很多齿轮和传动轴;有的生产机械需要通过传动机构把旋转运动变成直线运动,比如刨床、起货机等。对这样一些复杂的电力拖动系统,如何来研究其力学问题呢?一般来说,有两种解决方法。

　　第一种方法:对拖动系统的每根轴分别列出其运动方程,用联立方程组来消除中间变量。这种解法因方程较多、计算量大而比较繁杂。

　　第二种方法:用折算的方法把复杂的多轴拖动系统等效为一个简单的单轴拖动系统,然

后通过对等效系统建立运动方程,以实现问题求解。这种方法相对而言较为简单。

在电力拖动系统的分析中,对于一个复杂的多轴电力拖动系统,比较简单而且实用的方法是用折算的方法把它等效成一个简单的单轴拖动系统来处理,并使两者的动力学性能保持不变。折算一般是把负载轴上的转矩、转动惯量或者力和质量折算到电动机轴上,而中间传动机构的传送比在折算中就相当于变压器的匝数比。系统等效的原则是:保持两个系统传递的功率及储存的动能相同。

(1) 转矩的折算。

如果不考虑传动机构的损耗,工作机构折算前的机械功率为 $T'_L \omega_L$,折算后电动机轴上的机械功率为 $T_L \omega$,根据功率不变原则,应有折算前后工作机构的传递功率相等,即

$$T'_L \omega_L = T_L \omega , \quad T_L = \frac{T'_L}{\omega / \omega_L} = \frac{T'_L}{j_L}$$

式中,j_L 为电动机轴与工作机械轴间的转速比,$j_L = \omega / \omega_L = n / n_L$。

(2) 转动惯量和飞轮矩的折算。

两轴系统中的电动机转动惯量 J_e 和生产机械的负载转动惯量 J_L,折算到电动机轴的等效系统的转动惯量 J,其等效原则是:折算前后系统的动能不变,即

$$\frac{1}{2} J \omega^2 = \frac{1}{2} J_e \omega^2 + \frac{1}{2} J_L \omega_L^2$$

则有

$$J = J_e + J_L \left(\frac{1}{j_L} \right)^2$$

折算到单轴拖动系统的等效转动惯量 J 等于折算前拖动系统每一根轴的转动惯量除以该轴对电动机轴传动比 j_L 的平方之和。当传动比 j_L 较大时,该轴的转动惯量折算到电动机轴上后,其数值占整个系统的转动惯量的比重就很小。

根据 $GD^2 = 4gJ$ 的关系,可以相应地得到折算到电动机轴上的等效飞轮转矩

$$GD^2 = GD_e^2 + GD_L^2 \frac{1}{j_L^2}$$

同理,上述结果可以推广到多轴电力拖动系统中。

4. 电力拖动系统稳定运行的条件

所谓电力拖动系统稳定运行是指系统在扰动作用下,离开原来的平衡状态,但仍然能够在新的运行条件达到平衡状态,或者在扰动消失之后,能够回到原有的平衡状态。

对于一个电力拖动系统,稳定运行的充分必要条件是:

(1) 电动机的机械特性和负载的负载特性具有交点,即 $T_e - T_L = 0$。

(2) 在交点处,电动机的机械特性斜率要小于负载的负载特性斜率,即

$$\frac{\mathrm{d}T_e}{\mathrm{d}n} - \frac{\mathrm{d}T_L}{\mathrm{d}n} < 0$$

5. 他励直流电动机的起动

(1) 起动定义：从静止到稳定运行，从 $n=0$ 到 $n=n_L$。

(2) 起动要求：①起动电流不能太大；②起动转矩要足够大。

(3) 起动方法：

① 直接起动。

$$U=U_N, \ \varPhi=\varPhi_N, \ R=R_a, \ n=0 \rightarrow E_a=0 \rightarrow I_{st}=(U_N-E_a)/R_a=U_N/R_a \gg I_N$$

$$T_{st}=C_T\varPhi I_{st} \gg T_L \rightarrow n\nearrow \rightarrow I_a\searrow=(U-E_a\nearrow)/R_a \rightarrow T_{em}\searrow=T_L$$

除了小容量的直流电动机，一般直流电动机不允许直接接到额定电压的电源上起动。其原因是电枢电阻是一个很小的数值，故起动电流很大，将达到额定电流的 $10\sim20$ 倍。这样大的起动电流将产生很大的电动力，损坏电机绕组，同时引起电机换向困难。

② 降低电枢回路电压起动。

电枢由专用的可调直流电源供电：

$$I_{st1}\leqslant(1.5\sim2)I_N, \ T_{st1}>T_L \rightarrow n\nearrow \rightarrow I_a\searrow \rightarrow T_{em}\searrow \rightarrow U\nearrow \rightarrow I_a\nearrow \rightarrow T_{em}\nearrow \rightarrow n\nearrow ——$$

$\uparrow$ 直至 $U=U_N \rightarrow n=n_N$ 为止，系统稳定。在整个起动过程中，采用自动控制的方法增加 U。

降低电枢回路电压可减小起动电流，这种方法在起动过程中不会有大量的能量消耗。

③ 电枢回路串电阻起动。

电枢回路串电阻，使起动电流限制在合适的数值。随着转速升高，反电势不断增大，起动电流逐步减小，起动转矩也逐步减小，为了在整个起动过程中保持一定的起动转矩，加速电动机起动过程，可以将起动电阻一段一段地逐步切除。

起动瞬间

$$n=0 \rightarrow E_a=0 \rightarrow I_{st}=U/R_a+R_S \rightarrow T_{st1}>T_L \rightarrow n\nearrow \rightarrow E_a\nearrow \rightarrow I_a\searrow \rightarrow T_{em}\searrow$$

切除一级电阻 $\rightarrow I_a\nearrow \rightarrow T_{em}\nearrow \rightarrow n\nearrow ——\uparrow$ 直至电阻全部切除 $\rightarrow n=n_L$ 为止。

串励与复励直流电动机的起动方法基本上与并励直流电动机一样，采用串电阻的方法以减小起动电流。但特别值得注意的是绝对不允许串励电动机在空载下起动，否则电机的转速将达到危险的高速，电机会因此而损坏。

6. 他励直流电动机的电动与制动运行

(1) 电动运行。

电动运行，电磁转矩 T_{em} 与 n 同向，电磁转矩为驱动性转矩。第一象限为正向电动运行，第三象限为反向电动运行。

(2) 制动运行。

制动运行，电磁转矩 T_{em} 与 n 反向。

在电动运行状态下进入制动，可以改变电磁转矩的方向，也可以改变电机的旋转方向。通常改变电磁转矩的方向。当磁场方向不变时，只需改变电枢电流的方向。

① 能耗制动。

能耗制动的实现方法：保持 I_f 不变，将电枢从电网断开，并接上 R_{ad}，$U=0$，n 不变（惯性）。E_a 不变 $\rightarrow I_a=-E_a/(R_a+R_{ad})<0 \rightarrow T_{em}$ 反向 $\rightarrow T_{em}$ 与 n 的方向相反 $\rightarrow$ 制动。制动时，动能 $\rightarrow$ 电能 $\rightarrow$ 消耗在电枢回路上 $\rightarrow$ 能耗制动。

能耗制动时的机械特性：由于 $U=0$，$\varPhi=\varPhi_N$，这时电动机的机械特性方程式为

$$n = -\frac{R_a + R_{ad}}{C_e C_T \Phi_N^2} T$$

这是一条过原点的直线。

制动时回路中串入的电阻越小,能耗制动开始瞬间的制动转矩和电枢电流越大。但电枢电流过大会引起换向困难,因此能耗制动过程中电枢电流有上限,即电动机允许的最大电流,由此可计算串入的电阻,即

$$R_{min} = \frac{E_a}{I_{amax}} - R_a$$

② 电枢电压反接制动。

电压反接制动是将正在正向运行的他励直流电动机电枢回路的电压突然反接,电枢电流也将反向,主磁通不变,则电磁转矩反向,产生制动转矩。

由于反接瞬间电枢电流很大,因此应串入更大的电阻,即

$$R_{min} = \frac{U_N + E_a}{I_{amax}} - R_a$$

此时电动机的机械特性方程式为

$$n = \frac{U_N}{C_e \Phi_N} - \frac{R_a + R}{C_e C_T \Phi_N^2} T$$

当转速到达零时,应迅速将电源开关从电网上拉开,否则电动机将反向起动。

电压反接制动在整个制动过程中均具有较大的制动转矩,因此制动速度快,可逆拖动系统常常采用这种方法。

③ 倒拉反转制动运行。

他励直流电动机拖动位能性恒转矩负载运行,电枢回路串入大电阻,使电动机的机械特性和负载的机械特性的交点出现在第四象限。采用这种制动方法时,因转速反向而形成 E_a 和 U 同方向,故这种制动有时也称为电动势反接制动。

④ 回馈制动。

正向回馈制动:电机实际是将系统具有的动能转换为电能反馈回电网。因电机仍为正向转动,故称为正向回馈制动。$U^{↙}$ 或 $\Phi^{↗} \rightarrow n$ 不变(惯性)$\rightarrow |E_a| > |U| \rightarrow$ 回馈制动。

反向回馈制动:他励直流电动机拖动位能性恒转矩负载运行,如果采用电压反接制动,会出现反向回馈制动。由于 I_a 和 U_1 反向,电机将系统具有的动能转换为电能反馈回电网,电机为反向转动,因此称为反向回馈制动。

7. 他励直流电动机的调速

他励直流电动机有三种调节转速方法:改变电枢电压;改变励磁电流,即改变磁通;电枢回路串入调节电阻。

(1)降低电枢电压调速。

由电动机的机械特性方程可以看出,在改变电枢电压调速时,n_0 改变,特性曲线的斜率不变。

特点:机械特性的"硬度"不变,有较好的转速稳定性,调速范围较大,可实现平滑无级调速。

（2）弱磁调速。

调节励磁回路串入的调节电阻,改变励磁电流,实现弱磁升速。当磁通减小时,机械特性的理想空载转速升高,斜率增大。

特点:由于励磁回路的电流很小,因此在调速的过程中能量损失很小,且电阻可以做成连续调节的,便于控制。其限制是转速只能由额定磁通时对应的速度向高调。

（3）电枢回路串电阻调速。

在他励直流电动机的电枢回路中串入调节电阻,从机械特性的表达式可以看出,n_0 不变,斜率随所串电阻阻值的不同而发生变化。

特点:电枢回路串联电阻越大,机械特性的斜率越大。

在他励直流电动机上述三种调速方法中,改变电枢电压和电枢回路串电阻调速属于恒转矩调速,而弱磁调速属于恒功率调速。改变电枢电压和电枢回路串电阻调速时,由于磁通为额定磁通不变,电枢电流保持额定时,允许的最大输出转矩亦为额定转矩不变,故称为恒转矩调速。而在弱磁调速时,由于磁通减小,电枢电流保持额定时,允许的最大输出转矩亦减小,但允许的最大输出功率是一个恒定值,这种调速方法称为恒功率调速。

3.2　习题解析

1. 填空题

（1）他励直流电动机的固有机械特性是指在_____、_____、_____条件下,_____和_____的关系。

（2）直流电动机的起动方法有_____、_____。

（3）如果不串联制动电阻,反接制动瞬间的电枢电流大约是电动状态运行时电枢电流的_____倍。

（4）当电动机的转速超过_____时,出现回馈制动。

（5）拖动恒转矩负载进行调速时,应采用_____调速方法,而拖动恒功率负载时应采用_____调速方法。

（6）他励直流电动机的调速方法有_____、_____、_____。

（7）直流电动机的调速分为两种类型:恒转矩调速和恒功率调速,电枢回路串电阻的调速方式属于_____。

2. 判断题

（1）直流电动机的人为特性都比固有特性软。　　　　　　　　　　　　（　　）

（2）直流电动机串多级电阻起动,在起动过程中,每切除一级起动电阻,电枢电流都将突变。　　　　　　　　　　　　　　　　　　　　　　　　　　　　　（　　）

（3）提升位能负载时的工作点在第一象限内,而下放位能负载时的工作点在第四象限内。　　　　　　　　　　　　　　　　　　　　　　　　　　　　　　（　　）

（4）他励直流电动机的降压调速属于恒转矩调速方式,因此只能拖动恒转矩负载运行。
　　　　　　　　　　　　　　　　　　　　　　　　　　　　　　　　　（　　）

（5）反接制动可以用于准确停车。　　　　　　　　　　　　　　　　　（　　）

3. 选择题

(1) 电力拖动系统运动方程式中的 GD^2 反映了(　　)。

　A. 旋转体的重量与旋转体直径平方的乘积,它没有任何物理意义

　B. 系统机械惯性的大小,它是一个整体物理量

　C. 系统储能的大小,但它不是一个整体物理量

　D. 以上选项都不对

(2) 他励直流电动机的人为特性与固有特性相比,其理想空载转速和斜率均发生了变化,那么这条人为特性一定是(　　)。

　A. 串电阻的人为特性　　　　　　　B. 降压的人为特性

　C. 弱磁的人为特性　　　　　　　　D. 升压的人为特性

(3) 直流电动机采用降低电源电压的方法起动,其目的是(　　)。

　A. 使起动过程平稳　　　　　　　　B. 减小起动电流

　C. 减小起动转矩　　　　　　　　　D. 增大起动电流

(4) 在恒速运行的电力拖动系统中,已知电动机电磁转矩为 $80\,\mathrm{N\cdot m}$,忽略空载转矩,传动机构效率为 0.8,速比为 10,未折算前实际负载转矩应为(　　)。

　A. $8\,\mathrm{N\cdot m}$　　　　B. $64\,\mathrm{N\cdot m}$　　　　C. $640\,\mathrm{N\cdot m}$　　　　D. $800\,\mathrm{N\cdot m}$

(5) 电动机带动升降机构做下降运动时,传动机构的损耗 ΔT 由(　　)负担。

　A. 电动机　　　　B. 负载　　　　C. 传动机构　　　　D. 不确定

4. 简答题

(1) 直流电机能够直接起动吗? 如果不能,请说明原因及解决办法。

(2) 请写出电力拖动系统运动方程式的实用形式,并根据其说明电动机的工作状态。

(3) 如何区别电动机是处于电动状态还是制动状态?

(4) 当电动机转速 $n = 500\,\mathrm{r/min}$ 时, $T = -20\,\mathrm{N\cdot m}$, $T_\mathrm{L} = 10\,\mathrm{N\cdot m}$,写出电力拖动系统的动力学方程式,并分析当前电气传动系统的运动状态,判断当前电动机运行于哪个象限。

(5) 直流电动机拖动位能性负载运行于固有机械特性上的 A 点,稳定运行,提升重物,A 点为额定运行点。

① 当电源电压减小到 U_1 时,励磁电流和电枢电阻不变,在图 3.5 中示意性画出降压后的机械特性,并标记出稳定后的运行点 B。

② 负载不变,采用电枢回路串电阻的方法,让电动机反向稳定运行于 C 点,下放重物,画出 C 点所在的机械特性。

③ 电力拖动系统稳定运行的条件是什么?

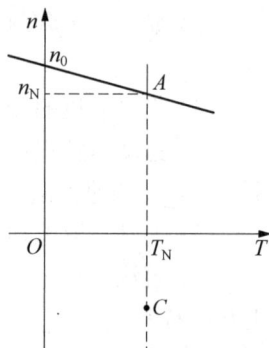

图 3.5　习题(5)图

(6) 为什么要考虑调速方法与负载类型的配合? 怎样配合才合理?

(7) 一台他励直流电动机拖动一台电动车行驶,前进时电动机转速为正。如图 3.6 所示,当电动车行驶在斜坡上时,负载的摩擦转矩比位能性转矩小,电动车在斜坡上前进和后退时电动机可能工作在什么运行状态? 请在机械特性上标出工作点。

图 3.6　习题(7)图

5. 计算题

(1) 一台他励直流电动机的额定数据为：$P_N = 10\,kW$，$U_N = 220\,V$，$I_N = 53.8\,A$，$n_N = 1500\,r/min$，$R_a = 0.29\,\Omega$。 ①计算直接起动时的起动电流。②限制起动电流不超过 $2I_N$，采用电枢串电阻起动时，应串入多大的电阻值？ 若采用降压起动，电压应降到多大？

(2) 一台他励直流电动机的额定数据为：$P_N = 7.5\,kW$，$U_N = 220\,V$，$I_N = 41\,A$，$n_N = 1500\,r/min$，$R_a = 0.376\,\Omega$，拖动恒转矩额定负载运行，现把电源电压降至 $150\,V$，问：①电源电压降低的瞬间转速来不及变化，电动机的电枢电流及电磁转矩各是多大？②稳定运行转速是多少？

(3) 一台他励直流电动机，$P_N = 21\,kW$，$U_N = 220\,V$，$I_N = 115\,A$，$n_N = 980\,r/min$，$R_a = 0.1\,\Omega$，拖动恒转矩负载运行（不计空载转矩），$T_L = 80\%T_N$。 弱磁调速时，Φ 从 Φ_N 调至 $80\%\Phi_N$，问：①调速瞬间的电枢电流是多少？②调速前后的稳态转速各是多少？

(4) 一台他励直流电动机的 $P_N = 17\,kW$，$U_N = 110\,V$，$I_N = 185\,A$，$n_N = 1\,000\,r/min$，$R_a = 0.036\,\Omega$，已知电动机最大允许电流 $I_{amax} = 1.8I_N$，电动机拖动 $T_L = 0.8T_N$ 负载电动运行。问：①若采用能耗制动停车，电枢应串入多大的电阻？②制动开始瞬间及制动结束时的电磁转矩各为多大？③若负载为位能性恒转矩负载，采用能耗制动使负载以 $120\,r/min$ 转速匀速下放重物，此时电枢回路应串入多大的电阻？

(5) 一台他励直流电动机的铭牌数据为：额定功率 $P_N = 50\,kW$，额定电压 $U_N = 220\,V$，额定电流 $I_N = 250\,A$，额定转速 $n_N = 1150\,r/min$，电枢回路电阻 $R_a = 0.044\,\Omega$。 忽略电枢反应的影响：①计算其固有机械特性；②电动机拖动恒转矩负载运行 $T_L = T_N$，若采用能耗制动停车，电动机允许最大电流 $I_{amax} = 1.8I_N$，电枢回路应串入多大电阻？

(6) 一台他励直流电动机的铭牌数据为：$P_N = 10\,kW$，$U_N = 220\,V$，$n_N = 1\,500\,r/min$，$I_N = 53.8\,A$，$R_a = 0.286\,\Omega$，电动机的最大允许电流为 $1.8I_N$。 问：①直接起动时起动电流是多少？②若采用电枢回路串电阻起动，最小应串入多大的起动电阻？③若采用降压起动方式，保证起动转矩 $T_{st} \geq 1.1T_L$，降压起动的最低电压为多少？

(7) 一台他励直流电动机的铭牌数据为：$P_N = 10\,kW$，$U_N = 220\,V$，$n_N = 1\,500\,r/min$，$I_N = 53.8\,A$，$R_a = 0.286\,\Omega$，电动机的最大允许电流为 $1.8I_N$。 电动机拖动 $T_L = 0.8T_N$ 负载电动运行，问：①若电动机采用能耗制动停车，电枢应串入多大电阻？②若电动机采用反接制动停车，电枢应串入多大电阻？③电动机制动前电枢电流多大？

参考答案

1. 填空题

(1) $U = U_N$；$\Psi = \Phi N$；电枢回路不串电阻；n；T　(2) 降压起动；电枢回路串电阻起动　(3) 2　(4) 理想空载转速　(5) 降压或电枢回路串电阻；弱磁　(6) 电枢串电阻调速；降低电源电压调速；减弱磁通调速　(7) 恒转矩调速

2. 判断题

(1) ×　(2) √　(3) √　(4) ×　(5) ×

3. 选择题

(1) B　(2) C　(3) B　(4) C　(5) B

4. 简答题

(1) **答**　直流电机不允许直接起动。

他励直流电动机若加额定电压 U_N，且电枢回路不串电阻，即直接起动，此时，$n = 0$，$E_a = 0$，起动电流 $I_{st} = \dfrac{U_N}{R_a} \gg I_N$，起动转矩 $T_{st} = C_T \Phi_N I_{st} \gg T_N$。

由于电流太大，电机出现换向不良，产生火花，甚至正、负电刷间产生电弧，烧坏电刷架。另外，若电机起动转矩过大，还会造成机械撞击，导致电机损坏。

解决办法：降压起动或电枢回路串电阻起动。增加起动设备和采取措施来控制电机的起动过程。由 $I_{st} = U_N/R_a$ 可知，限制起动电流的措施有两个：一是增加电枢回路电阻，二是降低电源电压，即直流电动机的起动方法有电枢串电阻和降压两种。串电阻起动操作较简单、可靠，但起动电阻要消耗大量电能，效率较低。因此，目前已较少使用，只在应用串电阻调速的电力拖动系统中才使用这种起动方法；降压起动需要可调的直流电源，可采用基于电力电子器件的可控整流器向直流电机供电。采用降压起动方法，可使整个起动过程既快又平稳，同时能量损耗也小。此外，可控直流电源还可用于调速，因而在电力拖动系统中得到广泛应用。

(2) **答**　电力拖动系统运动方程式的实用形式为

$$T_{em} - T_L = \frac{GD^2}{375} \cdot \frac{dn}{dt}$$

① 当 $T_{em} > T_L$ 时，$\dfrac{dn}{dt} > 0$，电动机工作于加速状态；

② 当 $T_{em} < T_L$ 时，$\dfrac{dn}{dt} < 0$，电动机工作于减速状态；

③ 当 $T_{em} = T_L$ 时，$\dfrac{dn}{dt} = 0$，电动机工作于匀速或静止状态。

(3) **答**　直流电动机的运行状态主要分为电动状态和制动状态两大类。电动状态是电动机运行时的基本工作状态。电动状态运行时，电动机的电磁转矩 T_e 与转速 n 方向相同，此时 T_e 为拖动转矩，电机从电源吸收电功率，向负载传递机械功率，电动机电动状态的机械特性处在第一、三象限。电动机在制动状态运行时，其电磁转矩 T_e 与转速 n 方向相反，此时 T_e 为制动性阻转矩，电动机吸收机械能并转化为电能，该电能或消耗在电阻上，或回馈电网。电动机制动状态的机械特性处在第二、四象限。

(4) **答**　运动方程式 $T - T_z = \dfrac{GD^2}{375} \cdot \dfrac{dn}{dt}$。

当前运动状态：减速运行或正向制动。

运行状态处于第二象限。

(5) **答**　机械特性如图 3.7 所示。

电动机的机械特性与负载的转矩特性必须有交点，且在交点处满足 $\dfrac{dT_{em}}{dn} < \dfrac{dT_L}{dm}$。

(6) **答**　为了使电机得到充分利用，根据不同的负载，应选用相应的调速方式。通常，恒转矩负载应采用恒转矩调速方式，恒功率

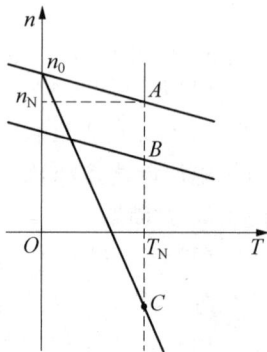

图 3.7　习题(5)图

负载应采用恒功率调速方式,这样可使调速方式与负载类型相匹配,电动机可以被充分利用。

(7)**答**　当电动车在斜坡上前进时,负载转矩 T_{L1} 为摩擦转矩与位能性转矩之和,此时电动机电磁转矩 T_e 克服负载转矩 T_{L1},使电动车前进,电动机工作在第一象限的正向电动运行状态,如图 3.8 中的 A 点。当电动车在斜坡上后退时,负载转矩 T_{L2} 为摩擦转矩与位能性转矩之差,由于摩擦转矩比位能性转矩小,因此 T_{L2} 与转速 n 方向相同,T_{L2} 实质上成为驱动转矩,而电动机电磁转矩 T_e 与 n 方向相反,为制动转矩,抑制电动车后退速度,同时将电能回馈给电网,电动机工作在第二象限的正向回馈制动运行状态,如图 3.8 中的 B 点。

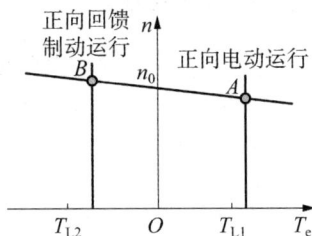

图 3.8　习题(7)图

5. 计算题

(1)**解**　① 直接起动时的起动电流

$$I_{st}=\frac{U_N}{R_a}=\frac{220}{0.29}\text{A}\approx758.6\text{A}$$

② 采用电枢串电阻起动时,应串入的电阻值

$$R_\Omega=\frac{U_N}{2I_N}-R_a=\left(\frac{220}{2\times53.8}-0.29\right)\text{A}\approx1.75\text{A}$$

若采用降压起动,电压应降到

$$U_N=2I_NR_a=2\times53.8\times0.29\text{V}\approx31.2\text{V}$$

(2)**解**　① 额定运行时,

$$C_e\Phi_N=\frac{U_N-I_NR_a}{n_N}=\frac{220-41\times0.376}{1\,500}\text{V}\cdot\text{min/r}\approx0.136\text{V}\cdot\text{min/r}$$

电源电压降至 150 V 的瞬间,转速来不及变化,则电动机的电枢电流

$$I_a=\frac{U-C_e\Phi_Nn_N}{R_a}=\frac{150-0.136\times1\,500}{0.376}\text{A}\approx-143.6\text{A}$$

此时的电磁转矩

$$T_e=C_T\Phi_NI_a=9.55C_e\Phi_NI_a=9.55\times0.136\times(-143.6)\text{N}\cdot\text{m}\approx-186.5\text{N}\cdot\text{m}$$

② 因为是恒转矩负载,稳定运行时电枢电流为额定值 $I_N=41$ A,所以转速

$$n=\frac{U-I_NR_a}{C_e\Phi_N}=\frac{150-41\times0.376}{0.136}\text{r/min}\approx989.6\text{r/min}$$

（3）**解** ① 额定运行时，

$$C_e\Phi_N = \frac{U_N - I_N R_a}{n_N} = \frac{220 - 115 \times 0.1}{980} \text{ V} \cdot \text{min/r} \approx 0.213 \text{ V} \cdot \text{min/r}$$

不计空载转矩，$T_L = 80\%T_N$ 恒转矩负载运行时的电枢电流为 $0.8I_N$，转速为

$$n = \frac{U_N - 0.8I_N R_a}{C_e\Phi_N} = \frac{220 - 0.8 \times 115 \times 0.1}{0.213} \text{ r/min} \approx 989.7 \text{ r/min}$$

弱磁调速瞬间，转速来不及变化，电枢电流为

$$I_a = \frac{U_N - 0.8C_e\Phi_N n}{R_a} = \frac{220 - 0.8 \times 0.213 \times 989.7}{0.1} \text{ A} \approx 513.55 \text{ A}$$

② 调速前的稳态转速

$$n_1 = n = 989.7 \text{ r/min}$$

因为是恒转矩负载运行，调速后稳态运行时 $0.8T_N = 0.8C_T\Phi_N I_2$，此时电枢电流 $I_2 = I_N$，所以调速后的稳态转速为

$$n_2 = \frac{U_N - I_2 R_a}{0.8C_e\Phi_N} = \frac{220 - 115 \times 0.1}{0.8 \times 0.213} \text{ r/min} \approx 1\,223.6 \text{ r/min}$$

（4）**解** ① 额定运行时，

$$C_e\Phi_N = \frac{U_N - I_N R_a}{n_N} = \frac{110 - 185 \times 0.036}{1\,000} \text{ V} \cdot \text{min/r} \approx 0.103 \text{ V} \cdot \text{min/r}$$

不计空载转矩，拖动 $T_L = 0.8T_N$ 负载电动运行时的电枢电流为 $0.8I_N$，转速为

$$n = \frac{U_N - 0.8I_N R_a}{C_e\Phi_N} = \frac{110 - 0.8 \times 185 \times 0.036}{0.103} \text{ r/min} \approx 1\,016.2 \text{ r/min}$$

能耗制动前电枢电动势为

$$E_a = C_e\Phi_N n = 0.103 \times 1\,016.2 \text{ V} \approx 104.7 \text{ V}$$

制动瞬间转速来不及变化，电枢电动势不变，电枢应串入的电阻值为

$$R_\Omega = \frac{E_a}{I_{amax}} - R_a = \left(\frac{104.7}{1.8 \times 185} - 0.036\right) \Omega \approx 0.278 \Omega$$

② 制动开始瞬间的电枢电流 $I_1 = -I_{amax} = -1.8I_N$，电磁转矩

$$T_{e1} = -C_T\Phi_N \cdot 1.8I_N = -9.55C_e\Phi_N \cdot 1.8I_N = -1.8 \times 9.55 \times 0.103 \times 185 \text{ N} \cdot \text{m}$$
$$\approx -327.56 \text{ N} \cdot \text{m}$$

制动结束时的电磁转矩 $T_{e2} = 0$。

③ 因为负载是位能性恒转矩负载，重物下放时的负载转矩仍为 $T_L = 0.8T_N$，电枢电流 $I_3 = 0.8I_N$，电枢回路应串入的电阻值为

$$R_\Omega = \frac{-E_{a3}}{I_3} - R_a = \frac{-C_e \Phi_N n_3}{I_3} - R_a = \frac{-0.103 \times (-120)}{0.8 \times 185} \Omega - 0.036 \Omega \approx 0.047\,5\,\Omega$$

（5）**解**　①

$$E_{aN} = U_N - I_N R_a = 209\,\text{V}$$

$$C_e \Phi_N = \frac{U_N - I_N R_a}{n_N} = \frac{E_{aN}}{n_N} = \frac{209}{1\,150}\,\text{V} \cdot \text{min/r} \approx 0.18\,\text{V} \cdot \text{min/r}$$

$$n_0 = \frac{U_N}{C_e \Phi_N} = \frac{220}{0.18}\,\text{r/min} \approx 1\,222\,\text{r/min}$$

$$\beta = \frac{R_a}{C_e C_T \Phi_N^2} = \frac{R_a}{9.55(C_e \Phi)^2} = \frac{0.044}{9.55 \times 0.18^2} \approx 0.14$$

②

$$0 = E_a - I_{a\max} \times (R_a + R_C)$$

$$0 = 209 - 1.8 \times 250 \times (0.044 + R_C)$$

$$R_C \approx 0.42\,\Omega$$

（6）**解**　①直接起动电流

$$I = \frac{U_N}{R} = \frac{220}{0.286}\,\text{A} \approx 769.2\,\text{A}$$

② 最大电流

$$1.8 I_N = 1.8 \times 53.8\,\text{A} = 96.84\,\text{A}$$

串入电阻

$$R' = \frac{U_N}{1.8 I_N} - R = \left(\frac{220}{96.84} - 0.286 \right) \Omega \approx 1.99\,\Omega$$

③

$$I_{\min} = 1.1 I_N = 59.2\,\text{A}$$

$$U_{\min} = R I_{\min} = 0.286 \times 59.2\,\text{V} \approx 16.93\,\text{V}$$

（7）**解**

$$E_{aN} = U_N - I_N R_a = 204.61\,\text{V}$$

① 若采用能耗制动停车，电枢应串入的最小电阻

$$R = \frac{E_a}{I_{\max}} - R_a = \frac{204.6}{1.8 \times 53.8}\,\Omega - 0.286\,\Omega \approx 1.83\,\Omega$$

② 若采用反接制动停车，电枢应串入的最小电阻

$$R = \frac{U_N + E_a}{I_{\max}} - R_a = \frac{220 + 204.6}{1.8 \times 53.8}\,\Omega - 0.286\,\Omega \approx 4.1\,\Omega$$

③ 制动前电枢电流

$$I = \frac{T_L}{T_N} I_N = 0.8 I_N = 43.04\,\text{A}$$

第 4 章
变压器

4.1 知识点归纳

1. 变压器的基本结构与额定值

(1) 变压器的分类。

① 按用途分:电力变压器、仪用互感器和特种变压器。

② 按绕组数目分:双绕组变压器、三绕组变压器、多绕组变压器和自耦变压器。

③ 按相数分:单相变压器、三相变压器和多相变压器。

④ 按冷却介质和冷却方式分:油浸式变压器、干式变压器和充气式变压器。

(2) 变压器的基本结构。

以油浸式电力变压器为例,基本结构主要有铁心、绕组、绝缘套管、油箱及其他附件等。

① 铁心:由铁心柱和铁轭两部分构成。铁心柱上套绕组,铁轭将铁心柱连接起来形成闭合磁路。

铁心材料:由硅钢片叠成。

铁心形式:心式、壳式等形式。

铁心截面:铁心柱的截面一般做成阶梯形,以充分利用绕组内圆空间。

② 绕组:绕组是变压器的电路部分,它由铜或铝绝缘导线绕制而成。

绕组按照高、低压绕组在铁心上的排列方式,可分为同心式和交叠式。为减小绝缘距离,通常低压绕组靠近铁轭。

变压器的铁心和绕组装配起来称为器身,是变压器的主要部件。

③ 绝缘套管:变压器的引出线从油箱内部引到箱外时必须通过绝缘套管,使引线与油箱绝缘。

绝缘套管一般是瓷质的,现在也有玻璃的。为了增大外表面放电距离,套管外形做成多级伞形裙边。电压愈高,级数愈多。

④ 油箱及其他附件:油箱上还装有储油柜、安全气道、分接开关等。

(3) 变压器的额定值。

① 额定容量:额定容量是指额定运行时的视在功率。

② 额定电压:正常运行时规定加在一次侧的端电压称为变压器一次侧的额定电压,二次侧的额定电压是指变压器一次侧加额定电压时二次侧的空载电压。额定电压以 U_{1N} 或

U_{2N} 表示。对三相变压器,额定电压是指线电压。

③ 额定电流:根据额定容量和额定电压计算出的一、二次侧线电流,称为额定电流,单位为 A。

对单相变压器:
$$I_{1N} = \frac{S_N}{U_{1N}}; \quad I_{2N} = \frac{S_N}{U_{2N}}$$

对三相变压器:
$$I_{1N} = \frac{S_N}{\sqrt{3}U_{1N}}; \quad I_{2N} = \frac{S_N}{\sqrt{3}U_{2N}}$$

④ 额定频率:我国规定工业频率为 50 Hz。

此外,额定运行时的效率、温升等数据也是额定值。除额定值外,变压器的相数、绕组连接方式及联结组别、短路电压、运行方式和冷却方式等均标注在铭牌上。

2. 变压器的空载运行

空载运行:指变压器一次侧绕组接到额定电压、额定频率的电源上,二次侧绕组开路时的运行状态。

(1) 变压器空载运行时的物理情况。

主磁通:同时交链一次侧绕组和二次侧绕组形成闭合回路。

漏磁通:只交链一次侧绕组附近空间形成闭合回路。

主磁通和漏磁通在性质上不同:

① 由于铁磁材料有饱和现象,因此主磁路的磁阻不是常数,主磁通与建立它的电流之间成非线性关系。而漏磁通的磁路大部分由非铁磁材料组成,所以漏磁路的磁阻基本上是常数,漏磁通与产生它的电流成线性关系。

② 主磁通在一、二次侧绕组中均产生感应电动势,当二次侧接上负载时便有电功率向负载输出,故主磁通起传递能量的作用。而漏磁通仅在一次侧绕组中产生感应电动势,不能传递能量,仅起压降作用。因此,在分析变压器和交流电机时常将主磁通和漏磁通分开处理。

(2) 正方向规定。

通常按习惯方式规定正方向,称为惯例。具体原则如下:

在负载支路,电流的正方向与电压的正方向一致;在电源支路,电流的正方向与电动势的正方向一致。磁通的正方向与产生它的电流的正方向符合右手螺旋定则。感应电动势的正方向与产生它的磁通的正方向符合右手螺旋定则。

(3) 空载时的电磁关系。

电动势与磁通的关系:

$$e_1 = -N_1 \frac{d\Phi}{dt} = -\omega N_1 \Phi_m \cos\omega t = \sqrt{2} E_1 \sin(\omega t - 90°)$$

$$e_2 = -N_2 \frac{d\Phi}{dt} = -\omega N_2 \Phi_m \cos\omega t = \sqrt{2} E_2 \sin(\omega t - 90°)$$

$$e_{1\sigma} = -N_1 \frac{d\Phi_{1\sigma}}{dt} = -\omega N_1 \Phi_{1\sigma m} \cos\omega t = \sqrt{2} E_{1\sigma} \sin(\omega t - 90°)$$

式中,

$$E_1 = \frac{\omega N_1 \Phi_m}{\sqrt{2}} = 4.44 f N_1 \Phi_m$$

$$E_2 = \frac{\omega N_2 \Phi_m}{\sqrt{2}} = 4.44 f N_2 \Phi_m$$

$$E_{1\sigma} = \frac{\omega N_1 \Phi_{1\sigma m}}{\sqrt{2}} = 4.44 f N_1 \Phi_{1\sigma m}$$

从上面的表达式中我们可以看出,电动势总是滞后于产生它的磁通$90°$。

电动势平衡方程式:

$$\dot{U}_1 = -\dot{E}_1 - \dot{E}_{1\sigma} + \dot{I}_0 R_1 = -\dot{E}_1 + \dot{I}_0 R_1 + j\dot{I}_0 x_{1\sigma} = -\dot{E}_1 + \dot{I}_0 Z_1$$

对于电力变压器,空载时一次侧绕组的漏阻抗压降$I_0 Z_1$很小,其数值不超过U_1的0.2%,将$I_0 Z_1$忽略,则$\dot{U}_1 = -\dot{E}_1$。

在二次侧,由于电流为零,则二次侧的感应电动势等于二次侧的空载电压,即$\dot{U}_{20} = \dot{E}_2$。

变压器的变比:在变压器中,一、二次侧绕组的感应电动势E_1和E_2之比称为变压器的变比,用k表示,即

$$k = \frac{E_1}{E_2} = \frac{4.44 f N_1 \Phi_m}{4.44 f N_2 \Phi_m} = \frac{N_1}{N_2}$$

当变压器空载运行时,有$k \approx \dfrac{U_1}{U_{20}} = \dfrac{U_{1N}}{U_{2N}}$。

空载电流:空载电流主要用来产生磁场,又称为励磁电流。当不考虑铁心损耗时,励磁电流是纯磁化电流。由于磁路有饱和现象,磁化电流与产生它的磁通Φ之间的关系是非线性的,要在变压器中建立正弦波磁通,励磁电流必须包含三次谐波分量。

(4)空载时的相量图和等效电路。

由于$\varphi_0 \approx 90°$,因此变压器空载运行时的功率因数是很低的,一般在$0.1 \sim 0.2$。变压器的空载相量图如图4.1所示。

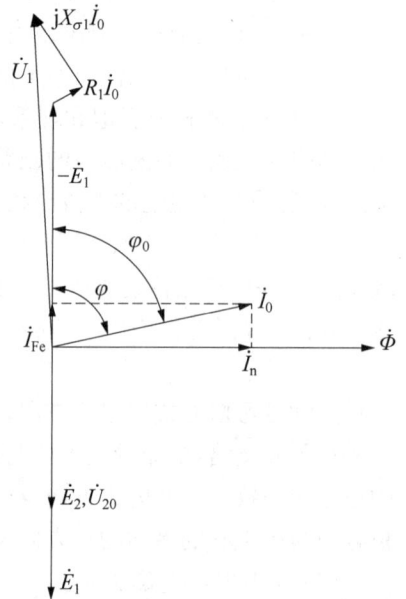

图 4.1 变压器的空载相量图

将$\dot{E}_1$用$\dot{I}_0 Z_m$表示,则$\dot{U}_1 = \dot{I}_0 Z_1 + \dot{I}_0 Z_m = \dot{I}_0 (R_1 + jX_{1\sigma}) + \dot{I}_0 (R_m + jX_m)$,因此,变压器空载运行的等效电路如图4.2所示。

3. 变压器的负载运行

(1)磁动势平衡方程和能量传递。

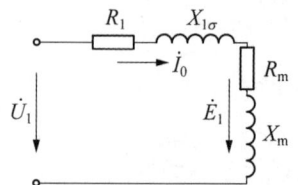

图 4.2 变压器的空载等效电路

$$\dot{F}_1 = \dot{F}_0 + (-\dot{F}_2) \text{ 或 } \dot{I}_1 = \dot{I}_0 + \left(-\frac{N_2}{N_1}\dot{I}_2\right) = \dot{I}_0 + \left(-\frac{\dot{I}_2}{k}\right)$$

上式说明,变压器负载运行时一次侧绕组的电流或磁动势由两个分量组成。一个分量是用来产生主磁通的激磁分量,另一个分量是用来平衡二次侧绕组的电流或磁动势对主磁通的影响,称为负载分量。通过磁动势平衡,使一、二次侧的电流紧密地联系在一起,二次侧通过磁动势平衡对一次侧产生影响,二次侧电流的改变必将引起一次侧电流的改变,电能就是这样从一次侧传到了二次侧。

(2) 电压平衡方程。

在一次侧,电压平衡方程式为

$$\dot{U}_1 = -\dot{E}_1 + \dot{I}_1(R_1 + jx_{1\sigma}) = -\dot{E}_1 + \dot{I}_1 Z_1$$

在二次侧,电压平衡方程式为

$$\dot{U}_2 = \dot{E}_2 - \dot{I}_2(R_2 + jx_{2\sigma}) = \dot{E}_2 - \dot{I}_2 Z_2$$

(3) 变压器参数的折算。

在实际计算中,一、二次侧分别讨论的这种方法给我们在分析变压器的工作特性和绘制相量图时增加了困难,为了克服这个困难,常用一假想的绕组来代替其中一个绕组,使之成为变比 $k = 1$ 的变压器,这样就可以把一、二次侧绕组联成一个等效电路,从而大大简化变压器的分析计算。这种方法称为绕组折算。折算后的量在原来的符号上加一个上标"′"以示区别。折算仅仅是研究变压器的一种方法,它不改变变压器内部电磁关系的本质。保持一个绕组的磁动势不变而改变其电流和匝数的算法称为归算法(折合算法)。

二次侧电流的折算值:

由 $N_1 \dot{I}'_2 = N_2 \dot{I}_2$,有

$$\dot{I}'_2 = \frac{N_2}{N_1}\dot{I}_2 = \frac{\dot{I}_2}{k}$$

二次侧电动势的折算值:

由 $E_2 = 4.44 f N_2 \Phi_m$, $E'_2 = 4.44 f N_1 \Phi_m = E_1$,有

$$\dot{E}'_2 = \frac{N_1}{N_2}\dot{E}_2 = k\dot{E}_2$$

二次侧漏阻抗的折算值:

根据折算前后二次侧绕组的铜损耗不变的原则,有

$$Z'_2 = R'_2 + jx'_{2\sigma} = k^2(R_2 + jx_{2\sigma}) = k^2 Z_2$$

(4) 折算后的基本方程式、等效电路和相量图。

折算后的基本方程式:

$$\dot{U}_1 = -\dot{E}_1 + \dot{I}_1(R_1 + jx_{1\sigma}) = -\dot{E}_1 + \dot{I}_1 Z_1$$

$$\dot{U}'_2 = \dot{E}'_2 - \dot{I}'_2(R'_2 + jx'_{2\sigma}) = \dot{E}'_2 - \dot{I}'_2 Z'_2$$

$$\dot{I}_1 = \dot{I}_0 + (-\dot{I}'_2)$$

$$\dot{E}_2'=\dot{E}_1, \ -\dot{E}_1=\dot{I}_0Z_m, \ \dot{U}_2'=\dot{I}_2'Z_L'$$

根据基本方程式可以构成图 4.3 所示的等效电路。

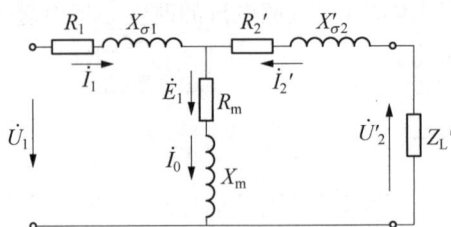

图 4.3　变压器的 T 形等效电路

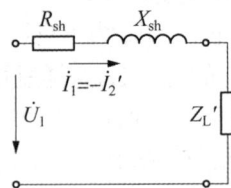

由于励磁阻抗很大，I_0 很小，可将励磁支路移前或舍掉，得到简化等效电路(图 4.4、图 4.5)。

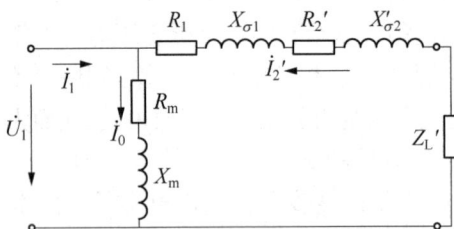

图 4.4　变压器的 Γ 形等效电路　　　　图 4.5　变压器的简化电路

变压器带电阻电感性负载时相量图如图 4.6 所示。

变压器的基本方程式、等效电路和相量图这三种基本分析方法，它们虽然形式上不同，但本质上是一致的。基本方程式是基础，而等效电路和相量图则是基本方程式的另一表达方式。通常在做定性分析时用相量图比较形象直观；在做定量计算时用等效电路比较简便。

4. 标幺值

在工程计算中，各物理量往往不用实际值表示，而采用相应的标幺值来进行表示：

$$标幺值 = \frac{实际值}{基值}$$

为了区分标幺值和实际值，我们在各物理量原来的符号上加一上标"*"来表示该量的标幺值。

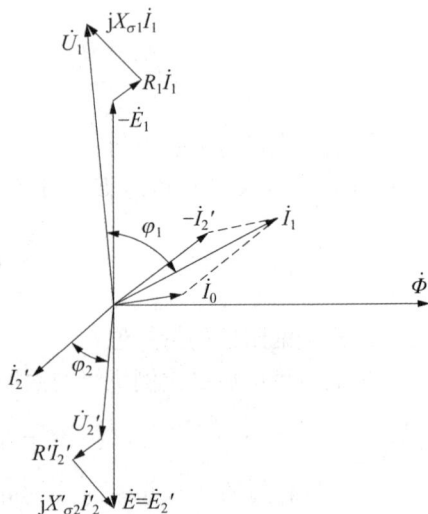

图 4.6　变压器带电阻电感性负载时的相量图

基值一般取每相额定值，标幺值具有以下优点：

① 直观明了，直接反映变压器的运行状态，例如 $I_1^* = 1.2$，说明过载了。

② 计算方便，便于性能比较。不论电力变压器大小，其参数和性能指标总在一定范围

内,例如 $I_0^* = 0.02 \sim 0.08$, $U_k^* = 0.05 \sim 0.175$。

③ 使用标幺值后,折算前后各物理量标幺值相同,无须折算,如 $R_2^* = R_2'^*$, $I_2^* = I_2'^*$, $U_2^* = U_2'^*$。

5. 变压器的参数测定

在变压器中,等效电路中的各种参数,如 R_1、R_2、$X_{1\sigma}$、$X_{2\sigma}$、R_m、X_m 等,对变压器运行性能有重大影响。这些参数通常通过空载试验和稳态短路试验来求得。

(1) 空载试验。

试验目的:测定变压器的空载电流 I_0、变比 k、空载损耗 p_0 及励磁阻抗 $Z_m = R_m + jX_m$。

试验方法:一次侧加额定电压 U_N,二次侧开路,读出此时 U_1、U_{20}、I_0、P_0(图 4.7)。

注意:为了便于测量和安全起见,通常在低压侧加电压,将高压侧开路。

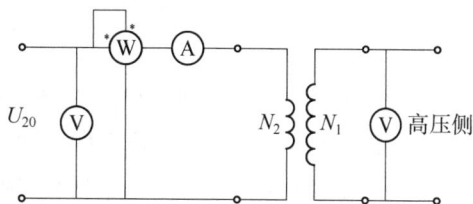

图 4.7　变压器空载试验接线

参数计算:

$$k = \frac{N_1}{N_2} = \frac{U_{10}}{U_2}$$

$$Z_m = \frac{U_{N2}}{I_{20}}$$

$$R_m = \frac{p_0}{I_{20}^2}$$

$$x_m = \sqrt{Z_m^2 - R_m^2}$$

三相变压器需用每一相的值计算;计算的参数是低压侧的,要折算到高压侧需乘 k^2。

(2) 短路试验。

试验目的:在不同的电压下测出短路特性曲线 $I_k = f(U_k)$、$p_k = f(U_k)$,根据额定电流时的 p_k、U_k 值,可以计算出变压器的短路参数 Z_k、X_k、R_k。

试验方法:为便于测量,通常在高压侧加很小的电压(额定电压的 10% 以下),将低压侧短路(图 4.8)。短路试验将在降低电压下进行,使 I_k 不超过 $1.2I_{1N}$。

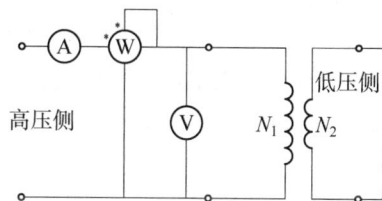

图 4.8　变压器短路试验接线

参数计算:

$$Z_k = \frac{U_k}{I_k} = \frac{U_k}{I_{1N}}$$

$$R_k = \frac{p_k}{I_k^2} = \frac{p_k}{I_{1N}^2}$$

$$X_k = \sqrt{Z_k^2 - R_k^2}$$

因为电阻会随着温度发生变化,所以所得值要换算到标准工作温度 75℃下。

$$R_{k75℃} = \frac{234.5 + 75}{234.5 + \theta} R_k \quad （对铜线）$$

$$R_{k75℃} = \frac{228 + 75}{228 + \theta} R_k \quad （对铝线）$$

短路电压：额定电流时的短路电压 U_{kN} 与额定电压 U_{1N} 比值的百分数称为短路电压 u_k。

$$u_k = \frac{U_{kN}}{U_{1N}} \times 100\%$$

短路电压 u_k 是变压器的重要参数，其大小主要取决于变压器的设计尺寸。u_k 的选择涉及变压器成本、效率、电压稳定性、短路电流大小等因素。正常运行时，希望 u_k 小些，使得端电压随负载波动较小。但发生突然短路时，希望 u_k 大些以降低短路电流。

6. 变压器的运行性能

(1) 电压变化率（$\Delta U\%$）。

定义式：

$$\Delta U\% = \frac{U_{20} - U_2}{U_{2N}} \times 100\% = \frac{U_{2N} - U_2}{U_{2N}} \times 100\% = \frac{U_{1N} - U_2'}{U_{1N}} \times 100\%$$

简化计算公式：

$$\Delta U\% = \beta(R_k^* \cos\varphi_2 + x_k^* \sin\varphi_2) \times 100\%$$

式中，$\beta = \frac{I_1}{I_{N1}} = \frac{I_2}{I_{N2}} = I_1^* = I_2^*$，为负载系数；$\varphi_2$ 为负载的功率因数角。

上式说明，电压变化率与负载的大小（φ_2 值）成正比。此外，电压变化率还与漏阻抗的标幺值（阻抗电压）和负载的性质有关（图 4.9）。

① 纯阻性负载，$\cos\varphi_2 = 1$，$\sin\varphi_2 = 0$，$U_2 = U_{N2}(1 - \Delta U\%)$，$\Delta U$ 较小，外特性下垂少。

② 感性负载，$\cos\varphi_2 > 0$，$\sin\varphi_2 > 0$，ΔU 较大，外特性下垂多。

③ 容性负载，$\cos\varphi_2 > 0$，$\sin\varphi_2 < 0$，当 $|R_k^* \cos\varphi_2| < |x_k^* \sin\varphi_2|$ 时，$\Delta U < 0$，外特性上翘；当 $|R_k^* \cos\varphi_2| = |x_k^* \cdot \sin\varphi_2|$ 时，$\Delta U = 0$，$U_2 = U_{N2}$。

(2) 变压器的损耗和效率。

① 变压器损耗。

变压器的损耗可以分为两大类：铁耗和铜耗（铝线变压器称为铝耗）。

变压器的空载损耗主要为铁耗，稳态短路损耗主要为铜耗。

铁耗：由于铁耗由磁密及其频率等决定，在一次侧电压不变时，磁密基本不变，因此变压器在额定电源下正常运行时，铁耗基本不变，称为不变损耗。即

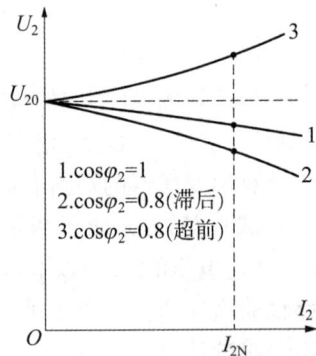

图 4.9 变压器的外特性

$$p_{\text{Fe}} = m I_0^2 R_{\text{m}}$$

铜耗：随着负载电流的变化而变化，称为可变损耗。额定电流时的铜耗称为额定铜耗，有

$$p_{\text{Cu}} = p_{\text{Cu1}} + p_{\text{Cu2}} = m I_1^2 R_1 + m I_2^2 R_2$$

由短路负载试验在额定电流时测得的损耗 p_{kN}，可以认为是 p_{CuN}。

② 变压器效率。

$$\eta = \frac{P_2}{P_1} \times 100\% = \frac{P_1 - \sum p}{P_1} \times 100\%$$

$$= \left(1 - \frac{\sum p}{P_2 + \sum p} \right) \times 100\%$$

效率的求解如下：

直接负载法：变压器直接加负载测量。

间接法：国家标准规定电力变压器可以应用间接法计算效率，又称损耗分析法。

在应用间接法求变压器的效率时通常做如下假定：

a. 忽略变压器空载运行时的铜耗，用额定电压下的空载损耗 p_0 来代替铁耗 p_{Fe}，即 $p_{\text{Fe}} = p_0$，且不随负载大小而变化，称为不变损耗。

b. 忽略短路试验时的铁耗，用额定电流时的短路损耗 p_{kN} 来代替额定电流时的铜耗。不同负载时的铜耗与负载系数的平方成正比。

$$p_{\text{Cu}} = \beta^2 p_{\text{kN}}$$

c. 不考虑变压器二次侧电压的变化，即认为 $U_2 = U_{2N}$ 不变，则

$$P_2 = m U_{2N} I_{2N} \left(\frac{I_2}{I_{2N}} \right) \cos \varphi_2 = \beta S_N \cos \varphi_2$$

效率的公式可变为

$$\eta = \left(1 - \frac{p_0 + \beta^2 p_{\text{kN}}}{\beta S_N \cos \varphi_2 + p_0 + \beta^2 p_{\text{kN}}} \right) \times 100\%$$

上式说明，当负载的功率因数一定时，效率随负载系数而变化。

空载时输出功率为零，所以 $\eta = 0$。

负载较小时，不变损耗相对较大，效率 η 较低。

负载增加，$\beta^2 p_{\text{kN}} < p_0$ 时，效率 η 亦随之增加。超过某一负载时，因铜耗与 β^2 成正比增大，效率 η 反而降低，最大效率出现在 $\beta = \beta_{\text{m}}$ 的地方。为此，取 η 对 β 的导数，并令其等于零，即可求出最高效率 η_{max} 时的负载系数 β_{m}，即

$$\beta_{\text{m}} = \sqrt{\frac{p_0}{p_{\text{kN}}}}$$

相对应的最大效率为

$$\eta_{max} = \left(1 - \frac{2p_0}{\beta_m S_N \cos\varphi_2 + 2p_0}\right) \times 100\%$$

即当不变损耗（铁耗）等于可变损耗（铜耗）时效率最大。

由于变压器总是在额定电压下运行，但不可能长期满负载。为了提高运行的经济性，通常设计成 $\beta_m = 0.5 \sim 0.6$，这样可使铁耗较小，即

$$\frac{p_0}{p_{kN}} = \frac{1}{4} \sim \frac{1}{3}$$

7. 变压器的磁路、联结组和电动势波形

（1）三相变压器的磁路系统。

三相变压器的磁路系统可分为各相磁路独立和各相磁路相关两大类。

① 各相磁路独立，即三相变压器组或组式三相变压器。各相磁路相互独立、彼此无关，当一次侧接三相对称电源时，各相主磁通和励磁电源也是对称的。组式变压器三相铁心相互独立，三相磁路没有关联且对称分布，三相电流平衡。这种设计不仅便于拆开运输，还可以减少备用容量的需求。

② 各相磁路相关，即心式变压器。任一瞬间某一相的磁通均以其他两相铁心为回路，因此各相磁路彼此相关联。由于三相心式变压器三相磁路长度不同，即使外加三相对称电压，三相励磁电流也不完全对称，中间铁心柱的一相磁路较短，励磁电流较小。但与负载电流相比，励磁电流很小，它的不对称对变压器负载运行的影响极小，因此仍可看作三相对称系统。在相同的 S_N 下，心式变压器具有经济、省材料、体积小、重量小的优点。

（2）变压器的电路系统——绕组的连接法与联结组。

时钟法：变压器高、低压绕组对应的电动势之间的相位差的表示方法，称为变压器的联结组。按一、二次侧电动势（线电势）的相位关系分成十二组。高压绕组的线电势作为分针并始终指向"12"，低压绕组的线电势作为时针，由实际电动势的相位决定位置，所指数字为"标号"。

单相变压器的联结组：对于单相变压器，当高、低压绕组电动势相位相同时，联结组为 II0；当高、低压绕组电动势相位相反时，其联结组为 II6。

三相变压器的联结组：对于三相变压器，不论是高压绕组还是低压绕组，我国主要采用星形连接（Y、y 连接）和三角形连接（D、d 连接）两种。高、低绕组对应线电动势之间的相位差，不仅与绕组的极性（绕法）和首末端的标志有关，而且与绕组的连接方式有关。

① Yy 接法。

当各相绕组同铁心柱时，Yy 接法有两种情况：高、低压绕组同极性端有相同的首端标志，高、低压绕组相电动势相位相同，其联结组为 Yy0；同极性端有相异的端点标志，高、低压绕组相电动势相位相反，则其联结组为 Yy6。

如果高、低绕组的三相标记不变，将低压绕组的三相标记依次轮换，则可得到其他联结组别，因此，对 Yy 接法有 Yy0、Yy2、Yy4、Yy6、Yy8、Yy10 六个偶数联结组。

② Yd 接法。

高压绕组为 Y 接法，低压绕组为 d 接法。各相绕组同铁心柱，高、低压绕组以同极性端为首端，故高、低压绕组相电动势同相位，此时低压侧线电动势超前（或滞后），高压侧对应线

电动势 30°,故联结组为 Yd11(或 Yd1)。改变极性端和相号的标志,还可得到 Yd3、Yd5、Yd7、Yd9 等奇数联结组。因此,对 Yd 接法有 Yd1、Yd3、Yd5、Yd7、Yd9、Yd11 六个奇数联结组。

单相和三相变压器有很多联结组别,为了避免制造与使用时造成混乱,国家标准规定:

① 单相双绕组变压器有一个标准联结组 II0。

② 三相双绕组变压器有五种标准联结组 Yyn0、Yd11、YNd11、YNy0、Yy0。其中前三种应用最广。

(3) 三相变压器空载电动势波形。

励磁电流和磁通波形关系:空载电流→磁通(磁动势)→电动势。

当磁路不饱和时:Φ 和 i_0 是线性关系,即正弦的 Φ 由正弦的 i_0 产生。

当磁路饱和时:Φ 和 i_0 不再是线性关系,正弦的 i_m 无法产生正弦的 Φ,只能产生平顶的 Φ,正弦的 Φ 必须由尖顶的 i_m 产生,尖顶的 i_m 中除了基波分量 i_{01} 外,还有较大的三次谐波分量 i_{03} 等。

三次谐波电流在时间上相位相同,它能否流通与三相绕组的连接方式有关:

如果三相变压器的一次侧绕组为 YN 或 D 接法,则三次谐波电流可以流通,各相磁化电流为尖顶波。在这种情况下,不论二次侧是 y 接法或 d 接法,铁心中的主磁通均为正弦波,因此各相电动势也为正弦波。

如果一次侧绕组为 Y 接法,则三次谐波电流不能流通,即使电源电压(线电压)为正弦波,相绕组端的电动势也不一定是正弦波。

① Yy 连接的三相变压器。

一、二次侧均无中线,三次谐波电流没有通路,励磁电流是正弦波,产生的磁通理论上为平顶波,平顶波磁通中含有较大的三次谐波分量,如不能有效抑制,导致感应电动势为尖顶波。三次谐波磁通的大小决定于三相变压器的磁路系统。

组式变压器各相磁路独立,三次谐波磁通畅通无阻,也就是说,磁路结构对磁通中的三次谐波没有抑制,所以这种形式的变压器磁通为平顶波,相电势为尖顶波。相电势的幅值比基波幅值大 45%~60%,将危及变压器的绝缘,故电力系统中不能采用这种 Yy 组式变压器。

心式变压器三相磁路关联,由于三相的三次谐波磁通同相位,在主磁路上将不能流通,只有漏磁路上有较小的三次谐波磁通。也就是说,这种磁路结构对三次谐波磁通有较好的抑制作用,所以磁通近似为正弦波,故三相心式变压器可以采用 Yy 连接法。但因三次谐波磁通经过油箱壁及其他铁夹件时会增加损耗,变压器容量一般不超过 1 600 kVA。

② Yd 连接的三相变压器。

三次谐波电流在一次侧不能流通,一、二次侧绕组中交链着三次谐波磁通,感应有三次谐波电动势。由于二次侧为 d 接法,三相大小相等、相位相同的三次谐波电动势在 d 接法的三相绕组内形成环流。该环流对原有的三次谐波磁通有强烈的去磁作用,因此磁路中实际存在的三次谐波磁通及相应的三次谐波电动势是很小的,相电动势波形仍接近正弦波。因此,三相变压器有一侧采用 d 接法,有利于改善电动势波形。

8. 变压器的并联运行

在工程中,我们将两台或者两台以上的变压器一、二次侧分别接在各自的公共母线上,同时对负载供电。其优点：①提高供电可靠性；②提高运行效率；③便于扩容。

（1）变压器的理想并联运行条件。

变压器并联运行的理想情况是：

① 空载时并联的各变压器二次侧绕组之间没有环流；

② 带负载后各变压器的负载系数相等；

③ 负载时各变压器对应相的电流相位相同。

为此，并联运行的变压器必须满足以下三个条件：

① 各变压器高、低压侧的额定电压分别相等，即各变压器的变比相等；

② 各变压器的联结组相同；

③ 各变压器短路阻抗的标幺值相等，且阻抗角相等。

在上述三个条件中，条件②必须严格保证。若变压器的联结组不同，当各变压器的一次侧接到同一电源，二次侧各线电动势之间至少有 30°的相位差，作用在变压器必然产生很大的环流（几倍于额定电流），它将烧坏变压器的绕组，因此联结组不同的变压器绝对不能并联运行。当变比不相等时，在并联运行的变压器之间会产生环流，环流的大小由短路阻抗所限制；当并联运行的变压器阻抗标幺值不相等时，各并联变压器承担的负载系数将不会相等。

（2）变压器并联运行时的负载分配。

负载电流的标幺值与其短路阻抗的标幺值成反比，即

$$\frac{\beta_A}{\beta_B} = \frac{Z_{kB}^*}{Z_{kA}^*} = \frac{u_{kB}}{u_{kA}}$$

9. 自耦变压器和仪用互感器

（1）自耦变压器。

把普通双绕组变压器的高压绕组和低压绕组串联连接，便构成一台自耦变压器。

与双绕组变压器不同，自耦变压器的容量不等于它的绕组容量。绕组容量又称电磁容量，它是通过电磁感应从一次侧传递给二次侧的。它的大小决定了变压器的主要尺寸和材料消耗，是变压器设计的依据。双绕组变压器的额定容量就是它的绕组容量，它等于绕组上的电压和电流的乘积。自耦变压器的绕组容量为

$$S_{Aa} = U_{Aa} I_{1N} = \frac{N_1 - N_2}{N_1} U_{1N} I_{1N} = \left(1 - \frac{1}{k_A}\right) S_N$$

自耦变压器的绕组容量比额定容量小，$\frac{S_N}{k_A}$ 称为自耦变压器的传导容量，它是由一次侧直接传给负载的，不需要增加绕组容量。因此若自耦变压器与双绕组变压器额定容量相同，则自耦变压器的绕组容量比双绕组变压器的绕组容量小。

自耦变压器的优点：由于自耦变压器的绕组容量小于额定容量，当额定容量相同时，自耦变压器与双绕组变压器相比，其单位容量所消耗的材料少，变压器的体积小、造价低，而且铜耗和铁耗也小，因而效率高。

自耦变压器的缺点：短路阻抗标幺值比双绕组小，短路电流较大。由于自耦变压器一、二次侧有电的直接联系，高压侧过电压时，低压侧也产生严重的过电压，两边均需要装设避雷器。

（2）仪用互感器。

使用互感器的目的：与小量程的标准化电压表和电流表配合测量高电压、大电流；使测量回路与被测回路隔离，以保障工作人员和测试设备的安全；为各类继电保护和控制系统提供控制信号。

① 电压互感器。

电压互感器二次侧的额定电压都统一设计成100 V。由于电压互感器二次侧所接的测量仪表阻抗很大，电压互感器运行时相当于一台降压变压器的空载运行。

电压互感器存在着误差，这个误差包括变比误差和相位误差。电压互感器按准确度的高低分为0.2、0.5、1.0和3.0四个等级，供使用单位选择。数字越小，准确度越高。

在使用电压互感器时应注意：二次侧不允许短路，否则会产生很大的短路电流，烧坏互感器的绕组；二次侧应可靠接地；二次侧接入的阻抗不得小于规定值，以减小误差。

② 电流互感器。

电流互感器二次侧的额定电流一般统一设计成5 A或1 A。由于电流互感器二次侧所接的仪表阻抗很小，电流互感器运行时相当于一台升压变压器的短路运行。

由于励磁电流和漏阻抗的影响，电流互感器也存在着误差。电流互感器按误差大小分为0.2、0.5、1.0、3.0和10.0五个等级供选用。

电流互感器在使用时应注意：在运行过程中绝对不允许二次侧开路；二次侧应可靠接地；二次侧回路阻抗不应超过规定值，以免增大误差。

4.2 习题解析

1. 填空题

（1）三相变压器根据磁路系统的不同可分_____和_____两种。

（2）变压器铁心导磁性能越好，其励磁电抗越_____，励磁电流越_____。

（3）变压器带负载运行时，若负载增大，其铁耗将_____，铜耗将_____（忽略漏阻抗压降的影响）。

（4）当变压器负载一定时，电源电压下降，则空载电流 I_0 _____，铁损耗 P_{Fe} _____。

（5）一台2 kVA，400/100 V的单相变压器，低压侧加100 V，高压侧开路测得 $I_0=2$ A、$P_0=20$ W。当高压侧加400 V时，低压侧开路测得 $I_0=$ _____ A，$P_0=$ _____ W。

（6）变压器短路阻抗越大，其电压变化率越_____，短路电流越_____。

（7）变压器等效电路中的 x_m 对应于_____电抗，r_m 表示_____电阻。

（8）两台变压器并联运行，第一台先达满载，说明第一台变压器短路阻抗标幺值比第二台_____。

（9）三相变压器的联结组别不仅与绕组的_____和_____有关，而且还与三相绕组的_____有关。

（10）变压器空载运行时功率因数很低，这是由于_____。

（11）变压器参数可以通过_____和_____试验测定。

（12）一台三相变压器，$S_N = 2500\,\text{kVA}$，$U_{1N}/U_{2N} = 35\,\text{kV}/10.5\,\text{kV}$，Yd 接法，二次侧额定电流为_____A。

（13）一台三相变压器的联接组别是 Yd11，这台变压器的一次侧线电动势 E_{AB} 和二次侧线电动势 E_{ab} 的相位差是_____度。

（14）当变压器不变损耗等于可变损耗时，变压器的运行效率最_____。

（15）油浸式电力变压器中变压器油的作用是_____。

2. 判断题

（1）一台变压器一次侧电压 U_1 不变，二次侧接电阻性负载或接电感性负载，若负载电流相等，则两种情况下，二次侧电压也相等。　　　　　　（　　）

（2）变压器在一次侧外加额定电压不变的条件下，二次侧电流大，导致一次侧电流也大，因此变压器的主磁通也大。　　　　　　　　　　　（　　）

（3）变压器的漏抗是个常数，而其励磁电抗却随磁路的饱和而减少。（　　）

（4）自耦变压器由于存在传导功率，其设计容量小于铭牌的额定容量。（　　）

（5）使用电压互感器时其二次侧不允许短路，而使用电流互感器时二次侧则不允许开路。　　　　　　　　　　　　　　　　　　　　　（　　）

（6）变压器的二次额定电压是指当一次侧加额定电压、二次侧开路时的空载电压。　　　　　　　　　　　　　　　　　　　　　　　　　（　　）

（7）对于三相变压器而言，只要有角接绕组，二次侧感应电动势波形就是正弦波。　　　　　　　　　　　　　　　　　　　　　　　　　（　　）

3. 选择题

（1）一台△/Y 连接的变压器，一次侧 $U_N = 380\,\text{V}$，$I_N = 12.1\,\text{A}$，额定容量为（　　）。
A. 7964 kW　　　B. 7964 kVA　　　C. 13794 kW　　　D. 13794 kVA

（2）变压器对（　　）的变换不起作用。
A. 电压　　　B. 电流　　　C. 功率　　　D. 阻抗

（3）变压器是通过（　　）磁通进行能量传递的。
A. 主　　　B. 一次侧漏　　　C. 二次侧漏　　　D. 以上都对

（4）一台变比为 2 的单相变压器，二次侧接有 8 Ω 的负载；若从一次侧看，其负载为（　　）Ω。
A. 4　　　B. 8　　　C. 16　　　D. 32

（5）变压器的负载变化时，其（　　）基本不变。
A. 铁心磁通　　　B. 绕组电势　　　C. 励磁电流　　　D. 以上都对

（6）两台变压器的（　　）相同，不是变压器并联运行要求的基本条件。
A. 内阻抗　　　　　　　　B. 容量
C. 连接组别　　　　　　　D. 一、二次侧线电压分别

（7）自耦变压器的变比通常接近于（　　）。
A. 1　　　B. 2　　　C. 3　　　D. 4

（8）某三相电力变压器带电阻电感性负载运行，在负载系数相同条件下，$\cos\varphi_2$ 越高，电压变化率 ΔU（　　）。
A. 越小　　　B. 不变　　　C. 越大　　　D. 不确定

(9) 变压器空载损耗(　　)。

A. 全部为铜耗 　　　　　　　　　B. 全部为铁耗

C. 主要为铜耗 　　　　　　　　　D. 主要为铁耗

(10) 一台变比 k 为 10 的变压器,从低压侧做空载试验,求得二次侧的励磁阻抗为 16,那么一次侧的励磁阻抗折算值是(　　)。

A. 16 　　　　　B. 1 600 　　　　　C. 160 　　　　　D. 0.16

(11) 变压器铭牌上的额定容量是指(　　)。

A. 有功功率 　　　B. 无功功率 　　　C. 视在功率 　　　D. 平均功率

(12) 从工作原理看,中小型电力变压器的主要组成部分是(　　)。

A. 油箱和油枕 　　　　　　　　　B. 油箱和散热器

C. 铁心和绕组 　　　　　　　　　D. 外壳和保护装置

(13) 为了提高变压器铁心的导磁性能,减小损耗,铁心一般采用(　　)。

A. 0.35 mm 厚、彼此绝缘的硅钢片叠装

B. 整块钢材

C. 0.5 mm 厚、彼此不绝缘的硅钢片叠装

D. 2 mm 厚、彼此绝缘加绝缘的硅钢片叠装

(14) 三相变压器的额定电流是指变压器在额定状态下运行时(　　)。

A. 一、二次侧的相电流 　　　　　B. 一、二次侧的线电流

C. 一次侧的相电流 　　　　　　　D. 一次侧的线电流

(15) 一台三相电力变压器 $S_N = 560$ kVA, $U_{1N}/U_{2N} = 10\,000$ V/400 V, Dy 接法,负载运行时,若忽略励磁电流,低压侧线电流 $I_2 = 808.3$ A,高压侧线电流 $I_1 = ($　　$)$。

A. 808.3 A 　　　B. 56 A 　　　　　C. 18.67 A 　　　D. 32.33 A

(16) 变压器带负载运行时,主磁通由(　　)产生。

A. 一次侧电流 　　　　　　　　　B. 二次侧电流

C. 一次侧和二次侧电流共同 　　　D. 一次侧和二次侧电流交替

(17) 电力变压器的变比是指变压器在(　　)运行时,一次侧电压与二次侧电压的比值。

A. 负载 　　　　　B. 空载 　　　　　C. 满载 　　　　　D. 轻载

(18) 变压器电源电压不变,频率增加一倍,磁通(　　)。

A. 增加一倍 　　　B. 不变 　　　　　C. 减小到一半 　　　D. 略有增加

(19) 考虑磁路饱和,单相变压器空载运行时,(　　)。

A. 当电流波形为正弦波时,主磁通为尖顶波

B. 当电流波形为正弦波时,主磁通为平顶波

C. 当主磁通为正弦波时,电流波形为平顶波

D. 当电流波形为正弦波时,主磁通为正弦波

(20) 一台三相电力变压器 $S_N = 500$ kVA, $U_{1N}/U_{2N} = 10\,000$ V/400 V, Yy 接法,下面数据中有一个是它的励磁电流值,应该是(　　)。

A. 2 A 　　　　　B. 50 A 　　　　　C. 10 A 　　　　　D. 28.78 A

(21) 变压器二次绕组开路,一次绕组施加额定频率的(　　)时,一次绕组中流过的电

流为空载电流。

    A. 最大电压   B. 任意电压   C. 额定电压   D. 瞬时电压

（22）变压器二次绕组短路，一次绕组施加电压使其（   ）达到额定值时，变压器从电源吸收的功率称为短路损耗，近似为变压器的铜耗。

    A. 电流   B. 电压   C. 电阻   D. 电抗

（23）变压器二次侧电流增加时，一次侧电流随之（   ）。

    A. 减少   B. 不变   C. 增加   D. 不确定

（24）如果忽略变压器一、二次绕组的漏电抗和（   ），变压器一次侧电压有效值等于一次侧感应电动势有效值，二次侧电压有效值等于二次侧感应电动势有效值。

    A. 励磁阻抗   B. 励磁电抗   C. 电阻   D. 励磁电阻

（25）变压器所带负载是电阻、电感性的，其外特性曲线呈（   ）。

    A. 上升形曲线   B. 下降形曲线   C. 近于一条直线   D. 抛物线

（26）变压器所带负载是电阻、电容性的，其外特性曲线呈（   ）。

    A. 上升形曲线   B. 下降形曲线   C. 近于一条直线   D. 抛物线

（27）单相变压器联结组标号只有（   ）两种。

    A. Ⅱ0、Ⅱ6   B. Ⅱ6、Ⅱ8   C. Ⅱ0、Ⅱ8   D. Ⅱ6、Ⅱ12

（28）在 Dy 连接的变压器中，一次角接绕组中（   ）。

    A. 只有基波环流   B. 只有三次谐波环流

    C. 有基波和三次谐波环流   D. 没有环流

（29）三相变压器的联结组为 Yd11，其中 d 表示变压器（   ）。

    A. 高压绕组为 Y 接法   B. 高压绕组为△接法

    C. 低压绕组为 Y 接法   D. 低压绕组为△接法

（30）一台三相变压器的联结组是 YNd11，其中 11 表示（   ）。

    A. 变压器低压侧线电动势超前高压侧线电动势 330°

    B. 变压器低压侧线电动势滞后高压侧线电动势 330°

    C. 变压器低压侧相电动势超前高压侧线电动势 330°

    D. 变压器低压侧相电动势滞后高压侧线电动势 330°

（31）一台三相变压器的联结组是 Yyn0，其中 yn 表示变压器（   ）。

    A. 低压绕组为有中性线引出的星形连接

    B. 低压绕组为星形连接，中性点需接地，但不引出中性线

    C. 高压绕组为有中性线引出的星形连接

    D. 高压绕组为星形连接，中性点需接地，但不引出中性线

（32）变压器带负载时的主磁通是由（   ）产生的。

    A. 一次侧电流   B. 二次侧电流

    C. 一次侧电流和二次侧电流共同   D. 一次侧电流或者二次侧电流

（33）一台电力变压器，型号为 S9 - 1600/10，其中的数字"10"表示变压器的（   ）。

    A. 额定容量是 10 kVA   B. 额定容量是 10 kW

    C. 高压侧的额定电压是 10 kV   D. 低压侧的额定电压是 10 kV

（34）变压器二次侧（   ）的调压，称为有载调压。

A. 带负载运行时　　　　　　　　B. 空载运行时

C. 带额定负载时　　　　　　　　D. 短路时

(35) 电压互感器工作时相当于一台空载运行的(　　　)。

A. 自耦变压器　　　　　　　　　B. 升压变压器

C. 降压变压器　　　　　　　　　D. 多绕组变压器

(36) 一、二次绕组之间既有磁的耦合,又有电的直接联系的变压器称为(　　　)。

A. 双绕组变压器　　B. 单相变压器　　C. 自耦变压器　　D. 多绕组变压器

(37) 变压器带纯容性负载运行时,负载电流相位超前于电压相位,随着负载的增加,电压变化率 ΔU(　　　)。

A. >0　　　　　　B. <0　　　　　　C. $=0$　　　　　　D. 不确定

(38) 三相心式变压器,Yd11 连接,相电动势波形为(　　　)。

A. 正弦波　　　　　B. 平顶波　　　　　C. 尖顶波　　　　　D. 锯齿波

(39) 变压器按冷却方式可分为干式、油浸式、充气式。充气式变压器中的气体是(　　　)。

A. 空气　　　　　　B. SF_6　　　　　　C. H_2　　　　　　D. O_2

(40) 电压互感器将系统的高电压变为(　　　)V 的标准低电压。

A. 50　　　　　　　B. 36　　　　　　　C. 100 或 $100\sqrt{3}$　　　D. 220

(41) 变压器高压绕组的电流一定(　　　)低压绕组的电流。

A. 小于　　　　　　B. 等于　　　　　　C. 大于　　　　　　D. 远大于

(42) 变压器二次绕组开路,一次绕组加额定频率的(　　　)时,一次绕组中流过的电流被称为空载电流。

A. 任意电压　　　　B. 最大电压　　　　C. 瞬时电压　　　　D. 额定电压

(43) 两台变压器 A 和 B,$S_{NA}=1000\,kVA$,$S_{NB}=1200\,kVA$,并联运行,负载率 $\beta_A=\beta_B$,则此时两台变压器实际运行的输出视在功率值 S_A 和 S_B 属于下面哪种情况? (　　　)

A. $S_A=S_B$　　　　B. $S_A>S_B$　　　　C. $S_A<S_B$　　　　D. 不确定

(44) 三相变压器,一次绕组星接,二次绕组角接,E_{AB} 和 E_{ab} 两个线电动势呈现 3 点钟,则表示方法正确的是(　　　)。

A. YD3　　　　　　B. yd3　　　　　　C. yD3　　　　　　D. Yd3

(45) 图 4.10 中变压器一次侧 A 相绕组和和二次侧 a 相绕组,说法正确的是(　　　)。

A. A 和 a 是同极性端,E_{AX} 和 E_{ax} 同向

B. A 和 a 是同极性端,E_{AX} 和 E_{ax} 反向

C. A 和 a 不是同极性端,E_{AX} 和 E_{ax} 同向

D. A 和 a 不是同极性端,E_{AX} 和 E_{ax} 反向

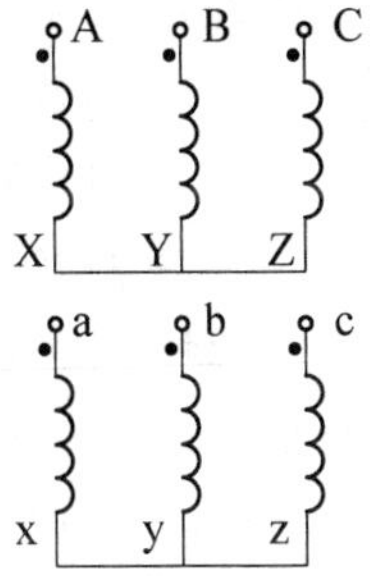

4. 简答题

(1) 在研究变压器时,对按正弦规律变化的电压、电流、感应电动势和磁通等为什么要规定正方向? 这些物理量的正方向又是如何规定的?

(2) 变压器的原、副边额定电压都是如何定义的?

图 4.10　习题(45)图

(3) 变压器的主磁通和漏磁通各有什么特点？变压器空载和负载时，主磁通的大小取决于哪些因素？在等效电路中如何反映主磁通和漏磁通的作用？

(4) 变压器是根据什么原理进行电压变换的？变压器的主要用途有哪些？

(5) 变压器有哪些主要部件？各部件的作用是什么？

(6) 变压器有哪些主要额定值？一、二次侧额定电压的含义是什么？

(7) 三相变压器组和三相心式变压器在磁路结构上各有什么特点？

(8) 变压器折算的原则是什么？如何将一、二次侧各量折算到原方？

(9) 变压器的电压变化率是如何定义的？它与哪些因素有关？

(10) 为什么可以把变压器的空载损耗看作变压器的铁耗，短路损耗看作额定负载时的铜耗？

(11) 变压器在高压侧和低压侧分别进行空载试验，若各施加对应的额定电压，所得的铁耗是否相同？

(12) 为了在变压器一、二次绕组得到正弦波感应电动势，当铁心不饱和时激磁电流呈何种波形？当铁心饱和时情形又怎样？

(13) 变压器的外加电压不变，若减少原绕组的匝数，则变压器铁心的饱和程度、空载电流、铁心损耗和原、副边的电动势有何变化？

(14) 变压器空载运行时，一次侧绕组的电流为什么很小？为什么变压器的空载电流又可以称为励磁电流？

(15) 变压器的损耗包括哪几种？可以分别采用什么方法来尽量减小这些损耗？

(16) 一台单相变压器，额定电压为 220 V/110 V，如果不慎将低压侧误接到 220 V 的电源上，对变压器有何影响？

(17) 利用 T 形等效电路进行实际计算时，算出的一、二次侧电压、电流、损耗、功率是否均为实际值？为什么？

(18) 三相变压器的联结组是由哪些因素决定的？

(19) 为什么在三相变压器的实际应用中，通常将其一次或二次绕组中的一侧接成三角形？

(20) 变压器为什么需要并联运行？实现正常并联运行的条件有哪些？哪些条件需要严格遵守？

(21) 与普通双绕组变压器相比，自耦变压器有哪些优缺点？

(22) 电压互感器和电流互感器的功能是什么？使用时必须注意什么？

(23) 并联运行的变压器，如果联结组不同或变比不等会出现什么情况？

(24) 两台容量不相等的变压器并联运行，是希望容量大的变压器短路电压大一些好还是小一些好？为什么？

(25) 一台单相变压器，$U_{1N}/U_{2N} = 220$ V/110 V，绕组标志如图 4.11 所示：将 X 与 a 连接，高压绕组接到 220 V 的交流电源上，电压表接在 Ax 上，若 A、a 同极性，电压表读数是多少？若 A、a 异极性呢？

(26) 画出图 4.12～图 4.14 所示三相变压器的电势向量图，并判断其联结组别。

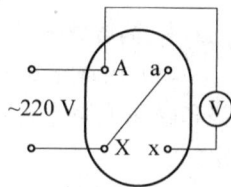

图 4.11　习题(25)图

①

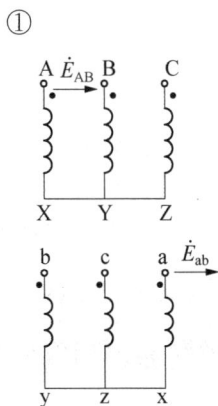

图 4.12 习题 (26) ① 图

②

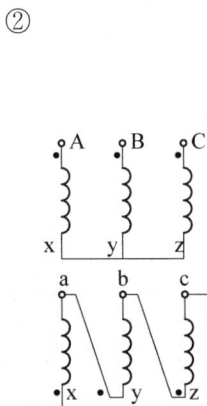

图 4.13 习题 (26) ② 图

③

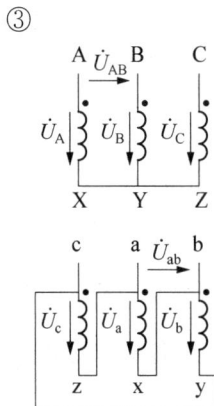

图 4.14 习题 (26) ③ 图

5. 计算题

(1) 一台单相变压器, $S_N = 5\,000\,\text{kVA}$, $U_{1N}/U_{2N} = 10\,\text{kV}/6.3\,\text{kV}$, 试求一、二次侧的额定电流。

(2) 一台三相变压器, $S_N = 5\,000\,\text{kVA}$, $U_{1N}/U_{2N} = 35\,\text{kV}/10.5\,\text{kV}$, Yd 接法, 求一、二次侧的额定电流。

(3) 一台三相变压器 $S_N = 5\,600\,\text{kVA}$, $U_{1N}/U_{2N} = 10\,\text{kV}/6.3\,\text{kV}$, Yd11 连接, 在高压侧做短路试验, 所测数据为: $U_k = 550\,\text{V}$, $I_k = 323.3\,\text{A}$, $p_k = 18\,000\,\text{W}$。已知额定电压下的空载损耗 $p_0 = 6\,800\,\text{W}$, 试求: ①变压器短路参数(忽略温度影响); ②满载及 $\cos\varphi_2 = 0.8$(超前)时二次侧电压变化率及效率(采用标幺值或者有名值计算均可)。

(4) 有一三相变压器, 已知 $S_N = 750\,\text{kVA}$, $U_{1N}/U_{2N} = 10\,000\,\text{V}/400\,\text{V}$, Yy0 接法, 空载及短路试验数据 (20℃) 如下:

试验名称	电压/V	电流/A	功率/W	电源
空载	400	60	3 800	低压侧
短路	440	43.3	10 900	高压侧

试计算: ①归算到高压侧的参数; ②满载及 $\cos\varphi_2 = 0.8$(滞后)时的电压调整率 $\Delta U\%$、电压 U_2 及效率 η; ③最大效率 $\eta_{\max}$。

(5) 两台变压器数据如下: $S_{NI} = 1\,600\,\text{kVA}$, $u_{kI} = 6.5\%$, $S_{NII} = 2\,000\,\text{kVA}$, $u_{kII} = 7\%$, 联结组均为 Yd11。额定电压均为 $35\,\text{kV}/10.5\,\text{kV}$。现将它们并联运行, 试问: ①当输出为 $3\,000\,\text{kVA}$ 时, 每台变压器承担的负载是多少? ②在不允许任何一台过载的条件下, 并联组最大输出负载是多少?

(6) 一台单相变压器, $S_N = 5\,000\,\text{kVA}$, $U_{1N}/U_{2N} = 35\,\text{kV}/6.0\,\text{kV}$, $f_N = 50\,\text{Hz}$, 铁心有效面积 $A = 1\,120\,\text{cm}^2$, 铁心中的最大磁密 $B_m = 1.45\,\text{T}$, 试求高、低压绕组的匝数和变比。

(7) 一台单相变压器, $S_N = 100\,\text{kVA}$, $U_{1N}/U_{2N} = 6\,000\,\text{V}/230\,\text{V}$, $R_1 = 4.32\,\Omega$, $x_{1\sigma} = 8.9\,\Omega$, $R_2 = 0.006\,3\,\Omega$, $x_{2\sigma} = 0.013\,\Omega$。①求折算到高压侧的短路参数 R_k、x_k 和 Z_k; ②求

折算到低压侧的短路参数 R'_k、x'_k 和 Z'_k；③ 将 ①、② 的参数用标幺值表示；④ 求变压器的短路电压 u_k 及其有功分量 u_{kr}、无功分量 u_{kx}；⑤ 在额定负载下，计算功率因数分别为 $\cos\varphi_2=1$、$\cos\varphi_2=0.8$(滞后)、$\cos\varphi_2=0.8$(超前) 三种情况下的 $\Delta U\%$。

(8) 一台三相变压器，$S_N=750\text{ kVA}$，$U_{1N}/U_{2N}=10\,000\text{ V}/400\text{ V}$，Yd 接法，$f=50\text{ Hz}$。试验在低压侧进行，额定电压时的空载电流 $I_0=65\text{ A}$，空载损耗 $p_0=3\,700\text{ W}$；短路试验在高压侧进行，额定电流时的短路电压 $U_k=450\text{ V}$，短路损耗 $p_{kN}=7\,500\text{ W}$(不考虑温度变化的影响)。① 试求折算到高压边的参数，假定 $R_1=R'_2=\frac{1}{2}R_k$，$x_{1\sigma}=x'_{2\sigma}=\frac{1}{2}x_k$；② 绘出 T 形电路图，并标出各量的正方向；③ 计算满载及 $\cos\varphi_2=0.8$(滞后)时的效率 η_N；④ 计算最大效率 η_{max}。

(9) 两台并联运行的变压器，在 $S_{NI}=1\,000\text{ kVA}$，$S_{NII}=500\text{ kVA}$，不允许任何一台变压器过载的情况下，试计算下列条件并联变压器组可供给的最大负载，并对其结果进行讨论：① $Z^*_{kI}=0.9Z^*_{kII}$；② $Z^*_{kII}=0.9Z^*_{kI}$。

参考答案

1. 填空题

(1) 组式变压器(三相变压器组)；心式变压器(三相心式变压器) (2) 大；小 (3) 不变；增加 (4) 减小；减小 (5) 0.5；20 (6) 大；小 (7) 主磁通的；铁心损耗的等效 (8) 小 (9) 绕向；首末端标记；联结方式 (10) 空载时建立主、漏磁场所需的无功功率远大于供给铁耗和空载时铜耗所需的有功功率 (11) 空载；短路 (12) 137.47 (13) 30 (14) 高 (15) 绝缘和散热

2. 判断题

(1) × (2) × (3) √ (4) √ (5) √ (6) √ (7) √

3. 选择题

(1) B (2) C (3) A (4) D (5) D (6) B (7) B (8) A (9) D (10) B (11) C (12) C (13) A (14) B (15) C (16) C (17) B (18) C (19) B (20) A (21) C (22) A (23) C (24) C (25) B (26) A (27) A (28) C (29) D (30) B (31) A (32) C (33) C (34) C (35) C (36) C (37) B (38) C (39) B (40) C (41) A (42) D (43) C (44) D (45) A

4. 简答题

(1) **答** 由于变压器中电压、电流、感应电动势和磁通等的大小和方向都随时间做周期性变化，为了能正确表明各量之间的关系，要规定它们的正方向。一般采用电工惯例来规定其正方向(假定正方向)。

① 同一条支路中，电压 u 的正方向与电流 i 的正方向一致；

② 由电流 i 产生的磁动势所建立的磁通 Φ 其二者的正方向符合右手螺旋法则；

③ 由磁通 Φ 产生的感应电动势 e，其正方向与产生该磁通的电流 i 的正方向一致，则有 $e=-Nd\Phi/dt$。

(2) **答** 原边额定电压是指规定加在一次侧的电压。副边额定电压是指当一次侧加上额定电压时，二次侧的开路电压。

（3）**答** 主磁通沿铁心闭合，同时交链一次和二次绕组；漏磁通沿非铁磁材料闭合，只与一次绕组或者二次绕组相交链。由感应电动势有效值公式可知，大小与主磁通的频率 f、绕组匝数 N 及主磁通幅值成正比。在等效电路中，主磁通和漏磁通分别由励磁电抗和漏电抗反映。

（4）**答** 变压器是一种静止的电器设备，它利用电磁感应原理，把一种电压等级的交流电能转换成频率相同的另一种电压等级的交流电能。

变压器的主要用途：变压器是电力系统中实现电能的经济传输、灵活分配和合理使用的重要设备，如电力变压器（主要用在输配电系统中，又分为升压变压器、降压变压器、联络变压器和厂用变压器）、仪用互感器（电压互感器和电流互感器，在电力系统作测量用）、特种变压器（如调压用的调压变压器、试验用的试验变压器、炼钢用的电炉变压器、整流用的整流变压器、焊接用的电焊变压器等）。

（5）**答** 电力变压器的基本构成部分有铁心、绕组、绝缘套管、油箱及其他附件等。铁心是变压器的主磁路，又是它的机械骨架。绕组由铜或铝绝缘导线绕制而成，是变压器的电路部分。变压器的引出线从油箱内部引到箱外时必须通过绝缘套管，使引线与油箱绝缘。油箱用于存放变压器油。分接开关可在无载下改变高压绕组的匝数，以调节变压器的输出电压。

（6）**答** 变压器的主要额定值有额定容量 S_N、额定电压 U_{1N} 和 U_{2N}、额定电流 I_{1N} 和 I_{2N}、额定频率 f_N 等。正常运行时规定加在一次侧的端电压称为变压器一次侧的额定电压 U_{1N}；二次侧的额定电压 U_{2N} 是指变压器一次侧加额定电压时二次侧的空载电压。对三相变压器，额定电压、额定电流均指线值。

（7）**答** 三相变压器组磁路结构上的特点是各相磁路各自独立，彼此无关；三相心式变压器在磁路结构上的特点是各相磁路相互影响，任一瞬间某一相的磁通均以其他两相铁心为回路。

（8）**答** 折算仅仅是研究变压器的一种方法，它不改变变压器内部电磁关系的本质。折算的原则是保证折算边折算前后所产生的磁动势不变。二次侧各量折算方法是将二次侧电流除以 k，二次侧感应电动势、电压乘以 k，漏阻抗、负载阻抗应乘以 k^2。

（9）**答** 变压器的电压变化率定义为：当变压器的一次侧接在额定电压、额定频率的电网上，二次侧的空载电压与给定负载下二次侧电压的算术差，用二次侧额定电压的百分数来表示的数值，即

$$\Delta U\% = \frac{U_{20} - U_2}{U_{2N}} \times 100\% = \frac{U_{2N} - U_2}{U_{2N}} \times 100\%$$

变压器电压变化率可按下式计算：

$$\Delta U\% = \beta(R_k^* \cos\varphi_2 + x_k^* \sin\varphi_2) \times 100\%$$

可知变压器电压变化率的大小主要和以下物理量相关。

① 电压变化率与负载的大小（β 值）成正比，在一定的负载系数下，当负载为阻感负载时，漏阻抗（阻抗电压）的标幺值越大，电压变化率也越大。

② 电压变化率还与负载的性质，即功率因角数 φ_2 的大小和正负有关。

（10）**答**　空载时,绕组电流很小,绕组电阻也很小,所以铜耗 $I_0^2 R_1$ 很小,故铜耗可以忽略,空载损耗可以近似看成铁耗。测量短路损耗时,变压器所加电压很低,而根据 $\dot{U}_1 = -\dot{E}_1 + \dot{I}_1 Z_1$ 可知,由于漏阻抗压降 $\dot{I}_1 Z_1$ 的存在, E_1 则更小。又根据 $E_1 = 4.44 f N_1 \Phi_m$ 可知,由于 E_1 很小,磁通就很小,因此磁通密度很低。再由铁耗 $p_{Fe} \propto B_m^2 f^{1.3}$,可知铁耗很小,可以忽略,额定负载时短路损耗可以近似看成额定负载时的铜耗。

（11）**答**　相同。空载试验时输入功率为变压器的铁耗,无论在高压侧还是在低压侧加电压,都要加到额定电压,根据 $U \approx E = 4.44 f N \Phi_m$ 可知, $\Phi_{m1} = \dfrac{U_{1N}}{4.44 f N_1}$, $\Phi_{m2} = \dfrac{U_{2N}}{4.44 f N_2}$,故 $\dfrac{\Phi_{m1}}{\Phi_{m2}} = \dfrac{U_{1N} N_2}{U_{2N} N_1} = \dfrac{K U_{2N}}{U_{2N}} \times \dfrac{N_2}{K N_2} = 1$,即 $\Phi_{m1} = \Phi_{m2}$。因此无论在哪侧做,主磁通大小都是相同的,铁耗就一样。短路试验时输入功率为变压器额定负载运行时的铜耗,无论在高压侧还是在低压侧做,都要使电流达到额定电流值,绕组中的铜耗是一样的。

（12）**答**　为了在变压器一、二次绕组得到正弦波感应电动势,当铁心不饱和时,因为磁化曲线是直线,励磁电流和主磁通成正比,故若主磁通呈正弦波变化,激磁电流亦呈正弦波变化。而当铁心饱和时,磁化曲线呈非线性,为使磁通为正弦波,励磁电流必须呈尖顶波。

（13）**答**　根据 $U_1 \approx E_1 = 4.44 f N_1 \Phi_m$ 可知, $\Phi_m = \dfrac{U_1}{4.44 f N_1}$,因此,一次绕组匝数减少,主磁通 Φ_m 将增加,磁密 $B_m = \dfrac{\Phi_m}{S}$,因 S 不变, B_m 将随 Φ_m 的增加而增加,铁心饱和程度增加。由于磁导率 μ 下降,磁阻 $R_m = \dfrac{1}{\mu S}$,因此磁阻增大。根据磁路欧姆定律 $I_0 N_1 = \Phi_m R_m$,当线圈匝数减少时,空载电流增大,又由于铁心损耗 $p_{Fe} \propto B_m^2 f_1^2$,因此铁心损耗增加,因为外加电压不变,根据 $U_1 \approx E_1 = 4.44 f N_1 \Phi_m$,所以一次侧电动势基本不变,而二次侧电动势则因磁通的增加而增大。

（14）**答**　变压器主磁通的路径完全是通过铁心闭合的,主磁路的磁阻很小,只需要很小的励磁电流就能产生较大的主磁通,并产生足以平衡一次侧额定电压的感应电动势,所以变压器空载运行时,即使一次侧加额定电压,一次绕组的电流(空载电流 I_0)也很小。

变压器负载运行时,一次电流 $\dot{I}_1$ 由两个分量组成:一个是空载电流 $\dot{I}_0$,用于建立主磁通 Φ;另一个是供给负载的负载电流分量($\dot{I}_{1L} = -\dot{I}_2/k$),用以抵消二次绕组磁动势的去磁作用,保持主磁通基本不变。因此,变压器的空载电流 I_0 又称为励磁电流。

（15）**答**　变压器在能量传递的过程中会产生损耗,由于变压器是静止的电磁装置,其损耗只有铜损耗 Δp_{Cu} 和铁心损耗 Δp_{Fe} 两种。

① 铜耗:变压器的绕组都有一定的电阻,当电流流过绕组时就要产生绕组损耗,称为铜损耗,即铜耗 Δp_{Cu}。铜耗的大小取决于负载电流和绕组电阻的大小,因而是随负载的变化而变化的,故称为可变损耗。

减小铜耗的方法主要包括采用低损低阻导线、限制漏磁引起的附加损耗和采用先进的绝缘结构等。

② 铁耗:由于铁心中的磁通是交变的,在铁心和金属结构件中会产生磁滞损耗和涡流

损耗,统称为铁心损耗,即铁耗 Δp_{Fe}。当电源电压 U_1 一定时,铁心中的磁通基本上是不变的,铁耗基本上可认为是恒定的,故称为不变损耗,它与负载电流的大小和性质无关。

减小铁耗的方法主要包括减小铁心总量、减小铁心单位损耗(采用高导磁材料)和减小工艺系数等。

(16)答　这是一台降压变压器,低压绕组匝数 N_2 少。由公式 $U_{1\mathrm{N}} \approx 4.44 f_1 N_2 \Phi_{\mathrm{m}}$ 可知,主磁通 Φ 要增大很多才能平衡端电压 $U_{1\mathrm{N}}$,磁通的增大又因磁路非线性引起励磁电流增大很多,电流过大就可能烧坏低压绕组。

(17)答　等效电路中一次绕组参数为实际值,所以计算值均为实际值;二次绕组参数为折算后的值,电压、电流不是实际值,但根据折算前后损耗、功率保持不变的原则,二次侧算出的损耗和功率为实际值。

(18)答　三相变压器的联结组是描述高、低压绕组对应的线电动势之间的相位差,它主要与绕组的极性(绕法)和首末端的标志,以及绕组的连接方式有关。

(19)答　Yd 联结组(组式和心式)的一侧绕组接成三角形连接,三次谐波电动势将在闭合的三角形连接绕组中产生三次谐波环流,由于主磁通由作用在铁心上的合成磁动势产生,且另一侧没有三次谐波电流,因此铁心的主磁通由一侧的正弦波空载电流和一侧的三次谐波电流共同建立,主磁通波形接近正弦波,绕组中感应的相电动势波形也接近正弦波。

(20)答　所谓并联运行,就是将两台或两台以上的变压器的一、二次绕组分别并联到公共母线上,同时对负载供电。变压器之所以要并联运行,是因为并联运行时有很多优点:

① 提高供电的可靠性。并联运行的某台变压器发生故障或需要检修时,可以将它从电网上切除,而电网仍能继续供电。

② 提高运行的经济性。当负载有较大的变化时,可以调整并联运行的变压器台数,以提高运行的效率。

③ 可以减小总的备用容量,并可随着用电量的增加而分批增加新的变压器。

并联运行的条件有以下三条,都必须严格遵守:

① 并联运行的各台变压器的额定电压应相等,即各台变压器的电压比应相等。

② 并联运行的各台变压器的联结组号必须相同。

③ 并联运行的各台变压器的短路阻抗(或阻抗电压)的相对值要相等。

(21)答　自耦变压器与普通双绕组变压器相比,在相同的额定容量下,由于自耦变压器的计算容量小于额定容量,因此自耦变压器的结构尺寸小,节省有效材料(铜线和硅钢片)和结构材料(钢材),降低了成本。同时有效材料的减少还可减小损耗,从而提高自耦变压器的效率。

由于自耦变压器的一次侧和二次侧之间有电的直接联系,高压侧的电气故障会波及低压侧,因此在低压侧使用的电气设备同样要有高压保护设备,以防止过电压。另外,自耦变压器的短路阻抗小,短路电流比普通双绕组变压器的大,因此必须加强保护。

(22)答　电压互感器实质上就是一个降压变压器,原理和结构与普通双绕组变压器基本相同,其功能就是安全地测量高电压。使用电压互感器时,应注意以下几点:

① 电压互感器在运行时二次绕组绝对不允许短路,因为如果二次侧发生短路,则短路

电流很大,会烧坏互感器。所以,使用时在一、二次侧电路中应串接熔断器作短路保护。

② 电压互感器的铁心和二次绕组的一端必须可靠接地,以防止高压绕组绝缘损坏时,铁心和二次绕组带上高电压而造成的事故。

③ 电压互感器有一定的额定容量,使用时二次侧不宜接过多的仪表,以免影响电压互感器的准确度。

电流互感器类似于一个升压变压器,其功能就是安全地测量大电流。使用电流互感器时,应注意以下几点:

① 电流互感器在运行时二次绕组绝对不允许开路。如果二次绕组开路,电流互感器就成为空载运行状态,被测线路的大电流就全部成为励磁电流,铁心中的磁通密度就会猛增,磁路严重饱和,一方面造成铁心过热而毁坏绕组绝缘,另一方面二次绕组将会感应产生很高的电压,可能使绝缘击穿,危及仪表及操作人员的安全。

② 电流互感器的铁心和二次绕组的一端必须可靠接地,以免绝缘损坏时,高电压传到低压侧,危及仪表及人身安全。

③ 电流表的内阻抗必须很小,否则会影响测量精度。

(23) **答** 如果联结组不同,当各变压器的一次侧接到同一电源时,二次侧各线电动势之间至少有 30° 的相位差。例如 Yy0 和 Yd11 两台变压器并联时,二次侧线电动势即使大小相等,由于对应线电动势之间相位差 30°,也会在它们之间产生一电压差 $\Delta \dot{U}$。如图 4.15 所示,其大小可达 $\Delta U = 2U_{2N}\sin 15° = 0.518 U_{2N}$。这样大的电压差作用在变压器二次绕组所构成的回路上,必然产生很大的环流(几倍于额定电流),它将烧坏变压器的绕组。如果变比不等,则在并联运行的变压器之间也会产生环流。

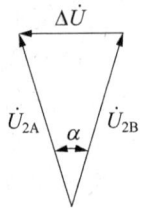

図 4.15
习题(23)图

(24) **答** 希望容量大的变压器短路电压小一些好,这是因为短路电压大的 β 小,在并联运行时,不容许任何一台变压器长期超负荷运行,因此并联运行时最大的实际总容量比两台额定容量之和要小,只可能是满载的一台的额定容量加上另一台欠载的实际容量。这样为了不浪费变压器容量,我们当然希望满载的一台,即短路电压小的一台容量大,欠载运行的一台容量越小越好。

(25) **答** A、a 同极性时电压表的读数是

$$U_{Ax} = U_{1N} + U_{2N} = 220\,\text{V} + 110\,\text{V} = 330\,\text{V}$$

A、a 异极性时电压表的读数是

$$U_{Ax} = U_{1N} - U_{2N} = 220\,\text{V} - 110\,\text{V} = 110\,\text{V}$$

(26) **答** ① 电势向量图如图 4.16 所示,联结组别:Yy8。

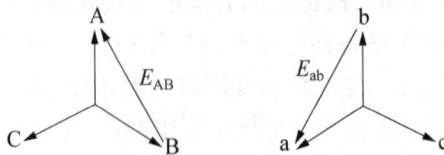

图 4.16　习题(26)①图

② 电势向量图如图 4.17 所示,联结组别:Yd7。

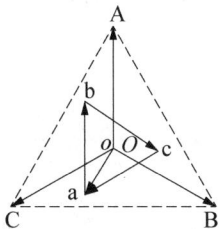

图 4.17　习题(26)②图

③ 电势向量图如图 4.18 所示,联结组别:Yd5。

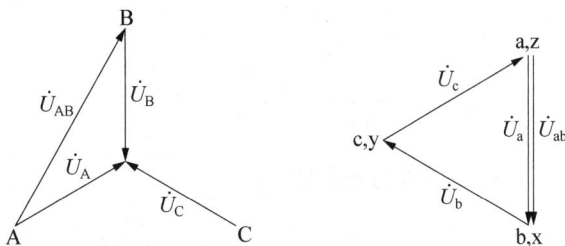

图 4.18　习题(26)③图

5. 计算题

(1) **解**
$$I_{1N} = \frac{S_N}{U_{1N}} = \frac{5\,000 \times 10^3}{10 \times 10^3}\,\mathrm{A} = 500\,\mathrm{A}$$

$$I_{2N} = \frac{S_N}{U_{2N}} = \frac{5\,000 \times 10^3}{6.3 \times 10^3}\,\mathrm{A} \approx 793.7\,\mathrm{A}$$

(2) **解**
$$I_{1N} = \frac{S_N}{\sqrt{3}\,U_{1N}} = \frac{5\,000 \times 10^3}{\sqrt{3} \times 35 \times 10^3}\,\mathrm{A} \approx 82.48\,\mathrm{A}$$

$$I_{2N} = \frac{S_N}{\sqrt{3}\,U_{2N}} = \frac{5\,000 \times 10^3}{\sqrt{3} \times 10.5 \times 10^3}\,\mathrm{A} \approx 274.9\,\mathrm{A}$$

(3) **解**　①
$$Z_k = \frac{U_k}{I_k} = \frac{550/\sqrt{3}}{323.3}\,\Omega \approx 0.982\,\Omega$$

$$r_k = \frac{P_k}{I_k^2} = \frac{18\,000/3}{323.3^2}\,\Omega \approx 0.057\,\Omega$$

$$x_k = \sqrt{Z_k^2 - r_k^2} \approx 0.98\,\Omega$$

② 因为 $\cos\varphi_2 = 0.8$(超前),所以变压器所带为容性负载,因此 $\sin\varphi_2 = -0.6$。

方法 1:采用标幺值计算,需进行折算。

$$Z_{1N} = \frac{U_{1N}}{I_{1N}} = \frac{U_{1N}^2}{S_N} = \frac{(10\,000/\sqrt{3})^2}{5\,600 \times 10^3/3}\,\Omega \approx 17.857\,\Omega$$

$$Z_k^* = 0.055, \ r_k^* = 0.0032, \ x_k^* = 0.0549$$

$$\Delta U^* = \beta(r_k^* \cos\varphi_2 + x_k^* \sin\varphi_2) = 1 \times (0.0032 \times 0.8 - 0.0549 \times 0.6) \approx -3.0\%$$

方法2：利用有名值计算。

$$\Delta U = \frac{I_{1N}(r_k \cos\varphi_2 + x_k \sin\varphi_2)}{U_{1N}} \times 100\% = \frac{323.3 \times (0.057 \times 0.8 - 0.98 \times 0.6)}{10\,000/\sqrt{3}} \approx -3.0\%$$

满载且 $\cos\varphi_2 = 0.8$ 时效率为

$$\eta = \left(1 - \frac{p_0 + p_k}{\beta S_N \cos\varphi_2 + p_0 + p_k}\right) \times 100\% = \left(1 - \frac{6\,800 + 18\,000}{5\,600 \times 10^3 \times 0.8 + 6\,800 + 18\,000}\right) \times 100\%$$

$$\approx 99.45\%$$

（4）**解** ① 归算到高压侧的参数：

$$k = \frac{U_{1N}}{U_{2N}} = \frac{10\,000}{400} = 25$$

由空载试验数据，先求低压侧的励磁参数：

$$Z_f' \approx Z_0 = \frac{U_2}{I_0} = \frac{400}{\sqrt{3} \times 60}\,\Omega \approx 3.85\,\Omega$$

$$R_f' = \frac{\Delta p_{Fe}}{I_0^2} \approx \frac{\Delta p_0}{I_0^2} = \frac{3\,800}{3 \times 60^2}\,\Omega \approx 0.35\,\Omega$$

$$X_f' = \sqrt{Z_f'^2 - R_f'^2} = \sqrt{3.85^2 - 0.35^2}\,\Omega \approx 3.83\,\Omega$$

折算到高压侧的励磁参数：

$$Z_f = k^2 Z_f' = 25^2 \times 3.85\,\Omega = 2\,406.25\,\Omega$$

$$R_f = k^2 R_f' = 25^2 \times 0.35\,\Omega = 218.75\,\Omega$$

$$X_f = k^2 X_f' = 25^2 \times 3.83\,\Omega = 2\,393.75\,\Omega$$

由短路试验数据，计算高压侧室温下的短路参数：

$$Z_{sh} = \frac{U_{sh}}{I_{sh}} = \frac{440}{\sqrt{3} \times 43.3}\,\Omega \approx 5.87\,\Omega$$

$$R_{sh} = \frac{\Delta p_{Cu}}{I_{sh}^2} \approx \frac{\Delta p_{sh}}{I_{1N}^2} = \frac{10\,900}{3 \times 43.3^2}\,\Omega \approx 1.94\,\Omega$$

$$X_{sh} = \sqrt{Z_{sh}^2 - R_{sh}^2} = \sqrt{5.87^2 - 1.94^2}\,\Omega \approx 5.54\,\Omega$$

换算到基准工作温度75℃时的数值：

$$R_{sh75℃} = \frac{228 + 75}{228 + \theta} R_{sh} = \frac{228 + 75}{228 + 20} \times 1.94\,\Omega \approx 2.37\,\Omega$$

$$Z_{sh75℃} = \sqrt{R_{sh75℃}^2 + X_{sh}^2} = \sqrt{2.37^2 + 5.54^2}\ \Omega \approx 6.03\ \Omega$$

额定短路损耗为

$$\Delta p_{shN75℃} = 3I_{1N}^2 R_{sh75℃} = 3 \times 43.3^2 \times 2.37\ W \approx 13\,330.5\ W$$

短路电压(阻抗电压)为

$$U_{shN75℃} = I_{1N} \times Z_{sh75℃} = 43.3 \times 6.03\ V \approx 261.1\ V$$

$$u_{sh} = \frac{U_{shN75℃}}{U_{1N}} \times 100\% = \frac{261.1}{10\,000/\sqrt{3}} \times 100\% \approx 4.52\%$$

② 满载 ($\beta = 1$) 及 $\cos\varphi_2 = 0.8$(滞后)时,

$$\Delta U\% = \beta \frac{I_{1N}}{U_{1N}} (R_{sh75℃} \cos\varphi_2 + X_{sh} \sin\varphi_2) \times 100\%$$

$$= \frac{43.3}{10\,000/\sqrt{3}} \times (2.37 \times 0.8 + 5.54 \times 0.6) \times 100\%$$

$$\approx 3.91\%$$

$$U_2 = (1 - \Delta U)U_{2N} = (1 - 3.91\%) \times 400 \approx 384.4\ V$$

$$\eta = \left(1 - \frac{\Delta p_0 + \beta^2 \Delta p_{shN75℃}}{\beta S_N \cos\varphi_2 + \Delta p_0 + \beta^2 \Delta p_{shN75℃}}\right) \times 100\%$$

$$= \left(1 - \frac{3\,800 + 13\,330.5}{750 \times 10^3 \times 0.8 + 3\,800 + 13\,330.5}\right) \times 100\% \approx 97.2\%$$

③ 当 $\beta = \beta_m = \sqrt{\dfrac{\Delta p_0}{\Delta p_{shN75℃}}} = \sqrt{\dfrac{3\,800}{13\,330.5}} \approx 0.53$ 时,

$$\eta = \eta_{max} = \left(1 - \frac{2\Delta p_0}{\beta S_N \cos\varphi_2 + 2\Delta p_0}\right) \times 100\%$$

$$= \left(1 - \frac{2 \times 3\,800}{0.53 \times 750 \times 10^3 \times 0.8 + 2 \times 3\,800}\right) \times 100\% \approx 97.7\%$$

(5) **解** ①

$$\frac{\beta_A}{\beta_B} = \frac{u_{kB}}{u_{kA}} = \frac{7}{6.5}$$

$$\beta_A S_{NA} + \beta_B S_{NB} = 3\,000\ kVA$$

$$\beta_A = 0.87, \quad \beta_B = 0.81$$

$$S_A = \beta_A \times S_{NA} = 0.87 \times 1\,600\ kVA = 1\,392\ kVA$$

$$S_B = \beta_B \times S_{NB} = 0.81 \times 2\,000\ kVA = 1\,620\ kVA$$

② 设 $\beta_A = 1$, $\dfrac{1}{\beta_B} = \dfrac{7}{6.5}$,

$$\beta_B = 0.93$$

$$S_A = \beta_A \times S_{NA} = 1 \times 1\,600\ kVA = 1\,600\ kVA$$

$$S_B = \beta_B \times S_{NB} = 0.93 \times 2\,000\,kVA = 1\,860\,kVA$$
$$S_A + S_B = (1\,600 + 1\,860)\,kVA = 3\,460\,kVA$$

（6）**解**　高压绕组的匝数

$$N_1 \approx \frac{U_{1N}}{4.44f\Phi_m} = \frac{U_{1N}}{4.44fB_{av}A}$$
$$= \frac{35 \times 10^3}{4.44 \times 50 \times \dfrac{2}{\pi} \times 1.45 \times 1\,120 \times 10^{-4}} \approx 1\,524$$

变压器的变比

$$k = \frac{N_1}{N_2} \approx \frac{U_{1N}}{U_{2N}} = \frac{35\,kV}{6\,kV} \approx 5.83$$

低压绕组的匝数

$$N_2 = \frac{N_1}{k} = \frac{1\,524}{5.83} \approx 261$$

（7）**解**　①　　　　$k = \dfrac{U_{1N}}{U_{2N}} = \dfrac{6\,000\,V}{230\,V} \approx 26.1$

$$R_k = R_1 + R_2' = 4.32\,\Omega + 26.1^2 \times 0.006\,3\,\Omega \approx 8.61\,\Omega$$
$$x_k = x_{1\sigma} + x_{2\sigma}' = 8.9\,\Omega + 26.1^2 \times 0.013\,\Omega \approx 17.76\,\Omega$$
$$Z_k = \sqrt{R_k^2 + x_k^2} = \sqrt{8.61^2 + 17.76^2}\,\Omega \approx 19.74\,\Omega$$

②　　　　$R_k' = R_1' + R_2 = 4.32/26.1^2\,\Omega + 0.006\,3\,\Omega \approx 0.012\,6\,\Omega$

$$x_k' = x_{1\sigma}' + x_{2\sigma} = 8.9/26.1^2\,\Omega + 0.013\,\Omega \approx 0.026\,1\,\Omega$$
$$Z_k' = \sqrt{R_k'^2 + x_k'^2} = \sqrt{0.012\,6^2 + 0.026\,1^2}\,\Omega \approx 0.029\,\Omega$$

③　　　　$Z_{1N} = U_{1N}/I_{1N} = U_{1N}^2/S_N = 6\,000^2/(100 \times 10^3)\,\Omega = 360\,\Omega$

$$R_k^* = R_k/Z_{1N} = 8.61/360 \approx 0.023\,9$$
$$x_k^* = x_k/Z_{1N} = 17.76/360 \approx 0.049\,3$$
$$Z_k^* = Z_k/Z_{1N} = 19.73/360 \approx 0.054\,8$$

$$Z_{2N} = U_{2N}/I_{2N} = U_{2N}^2/S_N = 230^2/(100 \times 10^3)\,\Omega = 0.529\,\Omega$$
$$R_k'^* = R_k'/Z_{2N} = 0.012\,65/0.529 \approx 0.023\,9 = R_k^*$$
$$x_k'^* = x_k'/Z_{2N} = 0.026\,1/0.529 \approx 0.049\,3 = x_k^*$$
$$Z_k'^* = Z_k'/Z_{2N} = 0.029/0.529 \approx 0.054\,8 = Z_k^*$$

④　　　　$u_k = Z_k^* \times 100\% = 5.48\%$

$$u_{kr} = R_k^* \times 100\% = 2.39\%$$
$$u_{kx} = x_k^* \times 100\% = 4.93\%$$

⑤　　　　$\Delta U_1\% = \beta(R_k^*\cos\varphi_2 + x_k^*\sin\varphi_2) \times 100\%$
$$= (0.023\,9 \times 1.0 + 0.049\,3 \times 0) \times 100\%$$

$$=2.39\%$$

$$\Delta U_2\% = \beta(R_k^*\cos\varphi_2 + x_k^*\sin\varphi_2)\times 100\%$$
$$=(0.0239\times 0.8 + 0.0493\times 0.6)\times 100\%$$
$$=4.87\%$$

$$\Delta U_3\% = \beta(R_k^*\cos\varphi_2 + x_k^*\sin\varphi_2)\times 100\%$$
$$=(0.0239\times 0.8 - 0.0493\times 0.6)\times 100\%$$
$$\approx -1.05\%$$

(8) 解 ①

$$p_{0\varphi}=\frac{1}{3}p_0=\frac{1}{3}\times 3\,700\,\text{W}\approx 1\,233\,\text{W}$$

$$I_{0\varphi}=\frac{I_0}{\sqrt{3}}=\frac{65}{\sqrt{3}}\,\text{A}\approx 37.53\,\text{A}$$

$$Z_m'\approx Z_0'=\frac{U_{2N\varphi}}{I_{0\varphi}}=\frac{400\,\text{V}}{37.53\,\text{A}}\approx 10.66\,\Omega$$

$$R_m'\approx\frac{p_{0\varphi}}{I_{0\varphi}^2}=\frac{1\,233\,\text{W}}{(37.53\,\text{A})^2}\approx 0.875\,\Omega$$

$$x_m'=\sqrt{Z_m'^2-R_m'^2}=\sqrt{(10.66\,\Omega)^2-(0.875\,\Omega)^2}\approx 10.62\,\Omega$$

折算至高压侧的激磁参数：

$$k=\frac{U_{1N\varphi}}{U_{2N\varphi}}=\frac{10\,000/\sqrt{3}}{400}\approx 14.43$$

$$Z_m=k^2Z_m'=14.43^2\times 10.66\,\Omega\approx 2\,220\,\Omega$$

$$R_m=k^2R_m'=14.43^2\times 0.875\,\Omega\approx 182\,\Omega$$

$$x_m=k^2x_m'=14.43^2\times 10.62\,\Omega\approx 2\,211\,\Omega$$

短路参数计算：

$$U_{k\varphi}=\frac{U_k}{\sqrt{3}}=\frac{450\,\text{V}}{\sqrt{3}}\approx 259.8\,\text{V}$$

$$p_{k\varphi}=\frac{1}{3}p_k=\frac{1}{3}\times 7\,500\,\text{W}=2\,500\,\text{W}$$

$$I_k=I_{1N}=\frac{S_N}{\sqrt{3}U_{1N}}=\frac{750\times 10^3}{\sqrt{3}\times 10\,000}\,\text{A}\approx 43.3\,\text{A}$$

$$Z_k=\frac{U_{k\varphi}}{I_k}=\frac{259.8\,\text{V}}{43.3\,\text{A}}=6\,\Omega$$

$$R_k=\frac{P_{k\varphi}}{I_k^2}=\frac{2\,500\,\text{W}}{(43.3\,\text{A})^2}\approx 1.33\,\Omega$$

$$X_k=\sqrt{Z_k^2-R_k^2}=\sqrt{(6\,\Omega)^2-(1.33\,\Omega)^2}\approx 5.85\,\Omega$$

$$R_1=R_2'=\frac{1}{2}R_k=\frac{1}{2}\times 1.33\,\Omega=0.665\,\Omega$$

$$x_{1\sigma} = x'_{2\sigma} = \frac{1}{2}x_k = \frac{1}{2} \times 5.85\,\Omega \approx 2.93\,\Omega$$

② T 形电路图如图 4.19 所示。

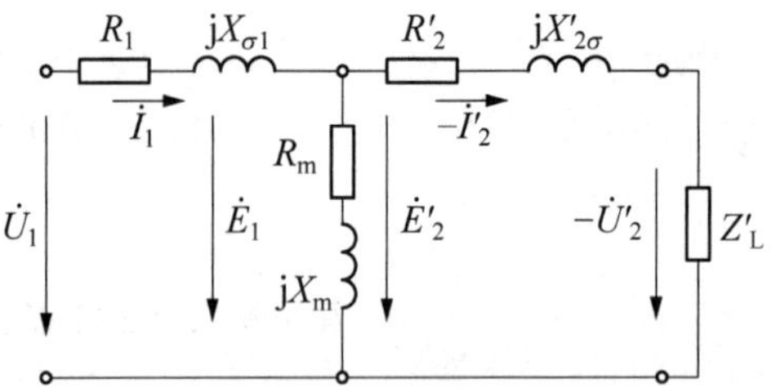

图 4.19　习题(8)②图

③ 满载时的效率

$$\eta_N = \left(1 - \frac{p_0 + \beta^2 p_{kN}}{\beta S_N \cos\varphi_2 + p_0 + \beta^2 p_{kN}}\right) \times 100\%$$

$$= \left(1 - \frac{3.7\,kW + 1^2 \times 7.5\,kW}{1 \times 750\,kVA \times 0.8 + 3.7\,kW + 1^2 \times 7.5\,kW}\right) \times 100\% \approx 98.17\%$$

$$\beta_m = \sqrt{p_0/p_{kN}} = \sqrt{3\,700\,W/7\,500\,W} \approx 0.702$$

④ $\eta_{max} = \left(1 - \frac{2p_0}{\beta_m S_N \cos\varphi_2 + 2p_0}\right) \times 100\%$

$$= \left(1 - \frac{2 \times 3.7\,kW}{0.702 \times 750\,kVA \times 0.8 + 2 \times 3.7\,kW}\right) \times 100\% \approx 98.27\%$$

(9) **解**　① 因为 $Z_{kI}^* < Z_{kII}^*$，第一台变压器先达满载。

$$\beta_I = 1,\ \beta_{II} = \beta_I \frac{Z_{kI}^*}{Z_{kII}^*} = 1 \times 0.9 = 0.9$$

$$S_{max} = S_{NI} + S_{NII}\beta_{II} = 1\,000\,kVA + 500\,kVA \times 0.9 = 1\,450\,kVA$$

② 因为 $Z_{kII}^* < Z_{kI}^*$，第二台变压器先达满载。

$$\beta_{II} = 1,\ \beta_I = \beta_{II} \frac{Z_{kII}^*}{Z_{kI}^*} = 1 \times 0.9 = 0.9$$

$$S_{max} = S_{NII} + S_{NI}\beta_I = 500\,kVA + 1\,000\,kVA \times 0.9 = 1\,400\,kVA$$

可见，并联运行时，容量大的变压器，其 Z_k^* 较小，则并联变压器组利用率较高。

第5章
异步电动机的运行原理

5.1 知识点归纳

1. 三相异步电动机的工作原理

（1）旋转磁场。

① 旋转磁场是由对称三相(多相)电流通过对称三相(多相)绕组中产生一定转速旋转的磁场。

② 旋转磁场的转速称为同步转速，用 n_1 表示，单位是 r/min，其公式为 $n_1 = \dfrac{60 f_1}{p}$。

③ 旋转磁场的旋转方向与通入对称绕组中电流的相序相同。

（2）电磁转矩。

① 电磁转矩是由转子电流的有功分量与旋转磁场相互作用产生的。

② 电磁转矩的大小正比于旋转磁场每极磁通量和转子电流的有功分量，用 T_e 表示，单位是 N·m，其公式为 $T_e = C_{T1} \Phi_m I_2 \cos \varphi_2$。

③ 电磁转矩的方向与旋转磁场的旋转方向相同。

（3）转差率。

① 转差率是指旋转磁场的同步转速和转子转速的差值与旋转磁场的同步转速的比值。

② 转差率用 s 表示，其公式为 $s = \dfrac{n_1 - n}{n_1}$。

③ 转子的转速计算公式为 $n = n_1(1 - s)$。

④ 转差率 s 不同，三相异步电动机分为几种不同的工作状态。

当 $s < 0$ 时，三相异步电动机工作于发电状态。

当 $0 < s < 1$ 时，三相异步电动机工作于电动状态。

当 $s > 1$ 时，三相异步电动机工作于制动状态。

2. 三相异步电动机的结构

三相异步电动机按转子结构可以分为绕线型异步电动机和笼型异步电动机。异步电动机的种类很多，但其基本结构是相同的，都是由定子和转子两大基本部分组成。定子与转子之间具有一定的气隙。此外，还有端盖、轴承、接线盒、风扇、吊环等其他附件。

3. 三相异步电动机定、转子的电动势平衡方程式

$$定子电路：\dot{U}_1 = -\dot{E}_1 + Z_1 \dot{I}_1 = -\dot{E}_1 + (R_1 + jX_1)\dot{I}_1$$

转子电路：$0 = \dot{E}_{2s} - Z_{2s}\dot{I}_2 = \dot{E}_{2s} - (R_2 + jX_{2s})\dot{I}_{2s}$

其中，定、转子每相绕组的电动势的大小为

$$E_1 = 4.44 k_{w1} N_1 f_1 \Phi_m$$

$$E_{2s} = 4.44 k_{w2} N_2 f_2 \Phi_m$$

转子电路中的频率 f_2、漏电抗 X_{2s} 和电动势 E_{2s} 的大小为

$$f_2 = s f_1$$

$$X_{2s} = s X_2$$

$$E_{2s} = s E_2$$

绕组因数 k_w、节距因数 k_y 和分布因数 k_p 的大小为

$$k_w = k_y k_p$$

$$k_y = \sin\left(\frac{y}{\tau} 90°\right)$$

$$k_p = \frac{\sin\dfrac{q\alpha}{2}}{q\sin\dfrac{\alpha}{2}}$$

4. 三相异步电动机的磁动势

(1) 单相绕组通入单相电流产生脉振磁动势。

(2) 三相绕组通入三相电流产生圆形旋转磁动势。

(3) 三相绕组的基波磁动势具有以下性质：

① 三相绕组合成基波磁动势在电机气隙圆周上是旋转的，其幅值为单相脉振磁动势幅值的 1.5 倍，其转速为 $n_1 = \dfrac{60 f_1}{p}$。

② 磁动势的旋转方向取决于电流的相序，电流相序与磁动势旋转方向相同，任意对调两组绕组的接线，即可改变磁动势旋转方向。

③ 合成磁动势的幅值出现在电流达到最大值的绕组的轴线上。

5. 三相异步电动机的等效电路

(1) 转子开路时的异步电动机。

① 转子开路时的电磁关系(图 5.1)。

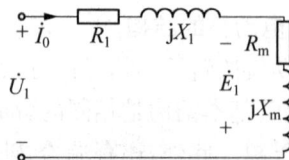

② 异步电动机的等效电路(图 5.2)。

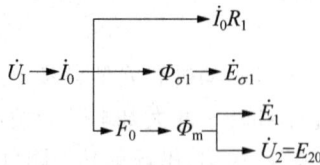

图 5.1　转子开路时的电磁关系　　图 5.2　异步电动机的等效电路

③ 转子开路时的相量图(图 5.3)。

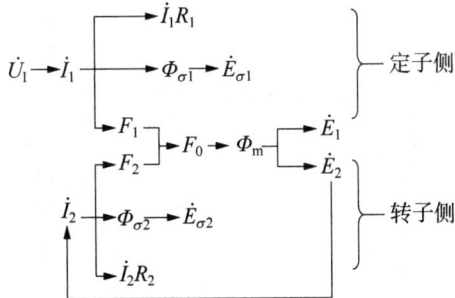

(2) 转子堵转时的异步电动机。

① 转子堵转时的电磁关系(图 5.4)。

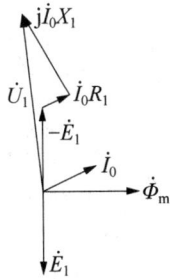

图 5.3　转子开路时的相量图　　　图 5.4　转子堵转时的电磁关系

② 异步电动机的等效电路(图 5.5)。

③ 转子堵转时的相量图(图 5.6)。

图 5.5　异步电动机的等效电路　　　图 5.6　转子堵转时的相量图

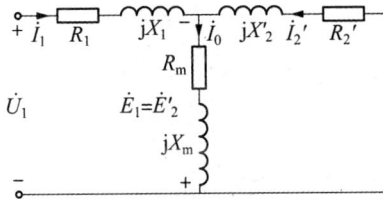

(3) 转子转动时的异步电动机。

① 转子转动时的电磁关系与转子堵转时的电磁关系(图 5.7)。

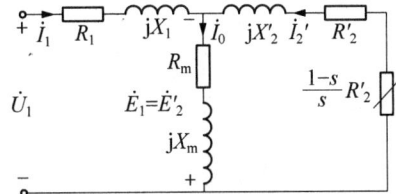

② 异步电动机的 T 形等效电路(图 5.8)。

图 5.7　转子转动时的电磁关系与转子堵转时的电磁关系　图 5.8　异步电动机的 T 形等效电路

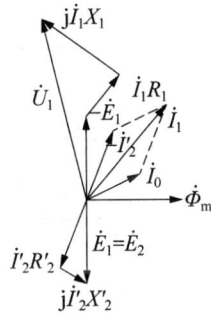

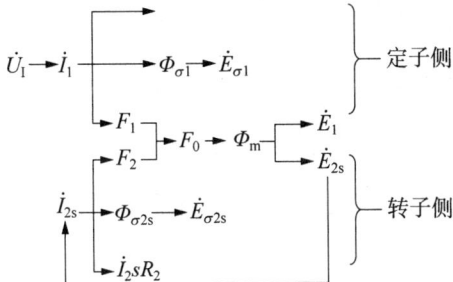

异步电动机的 Γ 形简化等效电路(图 5.9)。

③ 转子堵转时的相量图(图 5.10)。

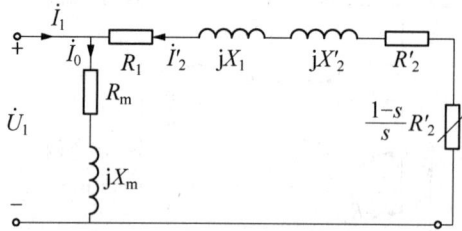

图 5.9 异步电动机的 Γ 形简化等效电路

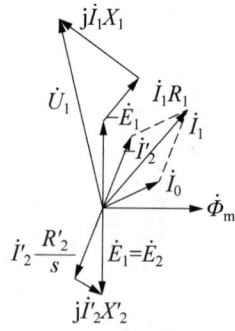

图 5.10 转子堵转时的相量图

6. 三相异步电动机的功率传递与转矩平衡

(1) 功率流程图(图 5.11)。

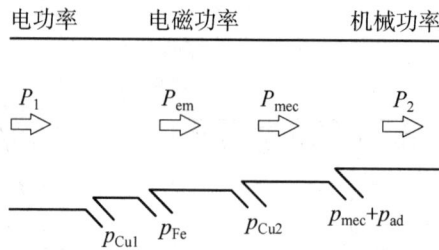

图 5.11 功率流程图

(2) 功率平衡方程式、各部分功率与损耗的公式。

三相异步电动机输入功率为电动率,输出功率为机械功率。其中,

输入功率
$$P_1 = 3U_{1ph}I_{1ph}\cos\varphi_1$$

输出功率
$$P_2 = \frac{2\pi}{60}T_2 n$$

定子铜耗
$$p_{Cu1} = 3I_{1ph}^2 R_1$$

铁耗
$$p_{Fe} = 3I_0^2 R_m$$

电磁功率
$$P_{em} = 3E_2' I_2' \cos\varphi_2 = 3I_2'^2 \frac{R_2'}{s}$$

转子铜耗
$$p_{Cu2} = 3I_2'^2 R_2' = sP_{em}$$

总的机械功率
$$P_{mec} = 3I_2'^2 \frac{1-s}{s} R_2' = (1-s)P_{em}$$

空载损耗
$$p_0 = p_{mec} + p_{ad}$$

功率平衡方程式 $P_1 = P_{em} + P_{Cu1} + P_{Fe} = P_2 + P_{Cu1} + P_{Fe} + P_{Cu2} + P_{mec} + P_{ad}$

（3）转矩平衡方程式、转矩与对应功率之间的关系。

电磁转矩

$$T_e = \frac{60}{2\pi} \cdot \frac{P_{em}}{n_1} = \frac{60}{2\pi} \cdot \frac{P_{mec}}{n}$$

输出转矩

$$T_2 = \frac{60}{2\pi} \cdot \frac{P_2}{n}$$

空载转矩

$$T_0 = \frac{60}{2\pi} \cdot \frac{p_0}{n}$$

转矩平衡方程式

$$T_e = T_2 + T_0$$

7. 三相异步电动机的工作特性

三相异步电动机的工作特性是指在额定电压和额定频率运行的情况下,电动机的转速 n、定子电流 I_1、功率因数 $\cos\varphi_1$、电磁转矩 T_e、效率 η 等与输出功率 P_2 的关系(图 5.12)。

即当 $U_1 = U_N$, $f_1 = f_N$ 时,求 $n = f(P_2)$, $I_1 = f(P_2)$, $\cos\varphi_1 = f(P_2)$, $T_e = f(P_2)$, $\eta = f(P_2)$ 的关系。

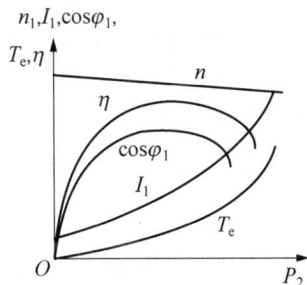

图 5.12　三相异步电动机的工作特性

8. 三相异步电动机的机械特性

（1）三相异步电动机机械特性的三种表达式。

① 物理表达式 $T_e = C_T \Phi_m I_2' \cos\varphi_2$(其形式与直流电动机的转矩方程相似,物理概念清楚)。

② 参数表达式 $T_e = \dfrac{P_{em}}{\omega_1} = \dfrac{3p U_{1ph}^2 \dfrac{R_2'}{s}}{2\pi f_1 \left[\left(R_1 + \dfrac{R_2'}{s}\right)^2 + (X_1 + X_2')^2\right]}$(以异步电动机参数的

形式表示,便于根据参数进行计算)。

在参数表达式中令 $\mathrm{d}T_e/\mathrm{d}s = 0$,可得到最大电磁转矩的近似值

$$T_{max} = \pm \frac{3p U_{1ph}^2}{4\pi f_1 (X_1 + X_2')}$$

最大转矩对应的转差率称为临界转差率,用 s_m 表示,则临界转差率的近似值

$$s_m = \pm \frac{R_2'}{X_1 + X_2'}$$

③ 实用表达式 $T_e = \dfrac{2T_{max}}{\dfrac{s}{s_m} + \dfrac{s_m}{s}}$(用于机械特性的工程计算)。

最大电磁转矩与额定电磁转矩的比值即为最大转矩倍数,又称过载能力,用 λ 表示:

$$\lambda = \frac{T_{max}}{T_N}$$

临界转差率 $s_m = s_N(\lambda + \sqrt{\lambda^2 - 1})$。

（2）固有机械特性。

异步电动机的机械特性可视为由两部分组成(图 5.13),当 $0 < s < s_m$ 时,机械特性近似

为直线,称为机械特性的直线部分,又称为工作部分,此时电动机无论带何种性质的负载均能稳定运行。当 $s \geqslant s_m$ 时,机械特性为曲线,称为机械特性的曲线部分,有时又称为非工作部分,因为在这段特性上,异步电动机拖动恒转矩负载和恒功率负载不能稳定运行,而在通风机类负载这一特性段上系统却能稳定工作。

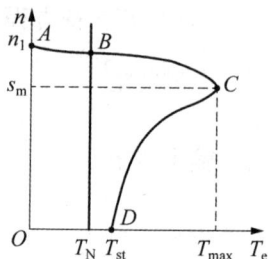

图 5.13 **异步电动机的机械特性**

A 点为同步速点,B 点为额定运行点,C 点为最大转矩点,D 点为起动点。

(3) 人为机械特性。

① 降低定子端电压的人为机械特性(图 5.14)。

同步转速 n_1 与电压 U_N 无关,电磁转矩 T_e 与相电压 U_{1ph}^2 成正比,临界转差率 s_m 与 U_{1ph} 无关。

② 转子回路串三相对称电阻的人为机械特性(图 5.15)。

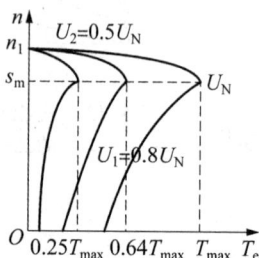

图 5.14 **降低定子端电压的人为机械特性**

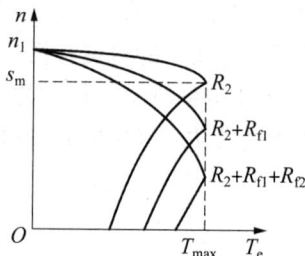

图 5.15 **转子回路串三相对称电阻的人为机械特性**

同步转速 n_1 和最大转矩 T_{max} 与转子回路电阻值的大小无关,临界转差率 s_m 与转子回路的电阻值成正比。在转子回路串入合适的电阻,可以增大起动转矩,若所串入的电阻 R_f 满足 $s_m = \dfrac{R_2 + R_f}{X_1 + X_2} = 1$,则有 $T_{st} = T_{max}$,即起动转矩为最大转矩。若串入转子回路的电阻值再增大,则 $s_m > 1$,$T_{st} < T_{max}$。因此,转子回路串入电阻增大起动转矩并非电阻越大越好,而是有一定的限度。

5.2 习题解析

1. 填空题

(1) 若转差率 s 在_____范围内,三相异步电动机运行于电动机状态,此时电磁转矩是驱动转矩,电动势为反电动势;在_____范围内,三相异步电动机运行于发电机状态,此时电磁转矩是制动转矩,电动势为电源电动势。

(2) 三相异步电动机按转子结构的不同可以分为_____和_____两类。

(3) 一个三相对称交流绕组,极对数 $p = 2$,通入 50 Hz 的三相对称交流电流,其合成磁动势为_____,该磁动势的转速为_____。

(4) 一台四极三相异步电动机,通入 50 Hz 的三相对称交流电流,其 $s = 0.02$,则此时转子转速为_____,定子旋转磁动势相对于转子的转速为_____,定子旋转磁动势相对于转子旋转磁动势的转速为_____。

(5) 单相整距集中绕组产生的矩形波磁动势的幅值与其基波磁动势幅值相差_____倍,基波磁动势的性质是_____。

(6) 某三相交流电机电枢通入三相交流电后,磁动势顺时针旋转,对调其中的两根引出线后,再接到电源上,磁动势为_____时针旋转,转速_____。

(7) 一台三相异步电动机拖动恒转矩负载运行,忽略空载损耗,其 $n_1 = 1\,500\,\text{r/min}$,电磁功率 $P_{\text{em}} = 10\,\text{kW}$,若运行时转速 $n = 1\,425\,\text{r/min}$,则输出机械功率为_____;若运行时转速 $n = 900\,\text{r/min}$,则输出机械功率为_____;若运行时转速 $n = 600\,\text{r/min}$,则输出机械功率为_____;转子转差率 s 越大,电动机效率越_____。

(8) 三相异步电动机额定电压为 $380\,\text{V}$,额定频率为 $50\,\text{Hz}$,转子每相电阻为 $0.1\,\Omega$,其最大转矩 $T_{\text{max}} = 500\,\text{N}\cdot\text{m}$,起动转矩 $T_{\text{st}} = 300\,\text{N}\cdot\text{m}$,临界转差率 $s_{\text{m}} = 0.14$。若额定电压降至 $220\,\text{V}$,则最大转矩为_____,起动转矩为_____,临界转差率为_____;若转子每相串入 $0.4\,\Omega$ 电阻,则最大转矩为_____,起动转矩_____$300\,\text{N}\cdot\text{m}$,临界转差率为_____。

2. 选择题

(1) 某四极交流电机,转速为 $1\,200\,\text{r/min}$,则定子绕组感应电动势的频率为( )。

A. 20 Hz   B. 1 200 Hz   C. 40 Hz   D. 80 Hz

(2) 一台 50 Hz 的三相电机通以 60 Hz 的三相对称电流,并保持电流有效值不变,此时三相基波合成旋转磁势的转速( )。

A. 变大   B. 减小   C. 不变   D. 不确定

(3) 将一台三相交流电机的三相绕组依次串联起来,通交流电,则合成磁动势为( )。

A. 0   B. 脉振磁动势

C. 圆形旋转磁动势   D. 椭圆形旋转磁动势

(4) 三相异步电动机的转速为 n,定子旋转磁场的转速为 n_1,当 n 与 n_1 反向时,电机运行于( )状态。

A. 电动机   B. 发电机   C. 电磁制动   D. 不确定

(5) 某三相异步电动机,额定电压和电流分别为 $380\,\text{V}$,$100\,\text{A}$,额定效率为 0.85,额定功率因数为 0.8,则该电机的额定输入功率为( )。

A. 38 kW   B. 65.8 kW   C. 55.9 kW   D. 52.7 kW

(6) 三相异步电动机气隙增大,其他条件不变,则空载电流( )。

A. 增大   B. 减小   C. 不变   D. 不能确定

(7) 对于同一台三相异步电动机,在( )状态下,转子电势的幅值最大。

A. 空载   B. 运行于同步转速   C. 负载   D. 堵转

(8) 从 T 形等效电路来看,三相异步电动机相当于一台接( )的变压器。

A. 纯阻性负载   B. 阻感性负载   C. 阻容性负载   D. 纯感性负载

(9) 异步电动机的机械特性是指( )。

A. 转速与输出转矩之间的关系   B. 转速与电磁转矩之间的关系

C. 转速与电磁功率之间的关系   D. 转速与输出功率之间的关系

(10) 异步电动机的工作特性指的是各物理量随(　　)的变化特性。

A. 转速　　　　B. 输出功率　　　C. 电磁功率　　　D. 电磁转矩

(11) 三对磁极的异步电动机转子转速(　　)。

A. 小于 $1\,000\,\text{r/min}$　　　　B. 大于 $1\,000\,\text{r/min}$

C. 等于 $1\,000\,\text{r/min}$　　　　D. 不确定

(12) 一台三相交流电动机,电源频率为 $50\,\text{Hz}$,当磁极对数 $p=4$ 时,同步转速为(　　)。

A. $500\,\text{r/min}$　　B. $750\,\text{r/min}$　　C. $1\,000\,\text{r/min}$　　D. $375\,\text{r/min}$

(13) 一台四极感应电动机,电源频率为 $50\,\text{Hz}$,额定转速为 $1\,450\,\text{r/min}$,转差率为(　　)。

A. 0.05　　B. 0.033　　C. 0.035　　D. 0

(14) 一台三相交流电动机,电源频率为 $50\,\text{Hz}$,磁极对数 $p=1$,转差率 $s=0.02$,此时转子的转速为(　　)。

A. $2\,940\,\text{r/min}$　　B. $1\,470\,\text{r/min}$　　C. $980\,\text{r/min}$　　D. $735\,\text{r/min}$

(15) 一台四极感应电动机,额定转速为 $1\,440\,\text{r/min}$,此时定子旋转磁动势相对于转子的转速为(　　)。

A. $0\,\text{r/min}$　　B. $1\,500\,\text{r/min}$　　C. $60\,\text{r/min}$　　D. $1\,440\,\text{r/min}$

(16) 三相异步电动机旋转磁场的转速与(　　)有关。

A. 负载大小　　　　B. 定子绕组上电压大小

C. 电源频率　　　　D. 三相转子绕组所串电阻大小

(17) 三相异步电动机等效电路中电阻为 $\dfrac{1-s}{s}R_2'$,消耗的功率为(　　)。

A. 总机械功率　　B. 输出功率　　C. 电磁功率　　D. 输入功率

(18) 一台三相异步电动机运行时转差率 $s=0.038$,则通过气隙传递的功率有 3.8% 是(　　)。

A. 总机械功率　　B. 转子铜耗　　C. 电磁功率　　D. 输入功率

(19) 三相感应电动机的转差率 s 增加时,转子绕组中电动势 E_{2s} 和转子电流频率 f_2 分别(　　)。

A. 增加,增加　　B. 减小,减小　　C. 增加,减小　　D. 减小,增加

(20) 感应电动机的额定功率(　　)从电源吸收的总功率。

A. 大于　　　　B. 小于　　　　C. 等于　　　　D. 不确定

(21) 三相异步电动机的最大转矩与(　　)。

A. 电压成正比　　　　B. 电压平方成正比

C. 电压成反比　　　　D. 电压平方成反比

(22) 电源电压下降,可以使三相异步电动机的(　　)。

A. 起动转矩减小,同步转速增加,临界转差率增加

B. 起动转矩增大,同步转速减小,临界转差率不变

C. 起动转矩不变,同步转速不变,临界转差率增加

D. 起动转矩减小,同步转速不变,临界转差率不变

(23) 若三相绕线异步电动机的转子回路电阻适当增大,则起动转矩(　　)。

A. 增大　　　　B. 减小　　　　C. 不变　　　　D. 无法判断

(24) 若三相绕线异步电动机的转子回路电阻适当增大,则最大转矩(　　)。

A. 增大　　　　　　B. 减小　　　　　　C. 不变　　　　　　D. 无法判断

(25) 三相绕线异步电动机电源频率和电压不变,仅在转子回路中串入电阻时,(　　)。

A. 最大转矩 T_{max} 和临界转差率 s_m 均保持不变

B. 最大转矩 T_{max} 减小,临界转差率 s_m 不变

C. 最大转矩 T_{max} 不变,临界转差率 s_m 增大

D. 最大转矩 T_{max} 和临界转差率 s_m 均增大

(26) 一般情况下,分析异步电动机起动的主要目的是尽可能使(　　)。

A. 起动电流小,最大转矩大　　　　　　B. 起动电流小,起动转矩大

C. 起动电流大,起动转矩小　　　　　　D. 起动电流大,过载能力大

(27) 三相异步电动机星-三角起动时(　　)。

A. 从电源吸取的电流减小为 1/3,起动转矩增加为 1.73 倍

B. 从电源吸取的电流减小为 1/3,起动转矩减小为 1/3

C. 从电源吸取的电流增加为 1.73 倍,起动转矩减小为 1/3

D. 从电源吸取的电流增加为 1.73 倍,起动转矩增加为 1.73 倍

(28) 三相异步电动机定子回路串自耦变压器使电机电压为 $0.8U_N$,则(　　)。

A. 从电源吸取的电流为 $0.8I_{st}$,起动转矩为 $1/0.8T_{st}$

B. 从电源吸取的电流为 $0.8I_{st}$,起动转矩为 $0.8T_{st}$

C. 从电源吸取的电流为 $0.8I_{st}$,起动转矩为 $0.64T_{st}$

D. 从电源吸取的电流为 $0.64I_{st}$,起动转矩为 $0.64T_{st}$

(29) 当异步电动机运行在 $s > s_m$ 范围时,电磁转矩随转差率的升高而(　　)。

A. 升高　　　　　　B. 降低　　　　　　C. 不变　　　　　　D. 无法判断

(30) 鼠笼式和绕线式异步电动机的转子绕组都是(　　)。

A. 导条结构　　　　B. 绕组线圈　　　　C. 开路结构　　　　D. 短路闭合结构

3. 判断题

(1) 异步电动机的定子磁场是静止的磁场。　　　　　　　　　　　　　　(　　)

(2) 异步电动机的转子绕组旋转方向 n 和电磁转矩 T 的旋转方向相同,n 和同步转速 n_1 的旋转方向相反。　　　　　　　　　　　　　　　　　　　　　　(　　)

(3) 异步电动机工作的时候,定子绕组外接三相对称交流电源,转子绕组也外接对称三相交流电源。　　　　　　　　　　　　　　　　　　　　　　　　　　(　　)

(4) 异步电动机的"异步"是指转子转速 n 大于旋转磁场的转速 n_1。　　　(　　)

(5) 如果异步电动机定子绕组产生旋转磁动势的方向为顺时针方向,那么转子旋转的方向也为顺时针方向。　　　　　　　　　　　　　　　　　　　　　　(　　)

4. 简答与作图题

(1) 为什么感应电动机的转速一定低于同步速? 如果没有外力帮助,转子转速能够达到同步速吗?

(2) 感应电动机额定电压、额定电流、额定功率的定义是什么?

(3) 有一台三相绕线转子异步电动机,定子绕组短路,在转子绕组中通入三相对称交流电流,频率为 f_1,这时旋转磁动势相对于转子以同步转速 n_1 顺时针旋转,问转子会发生旋

转吗？为什么？

（4）三相异步电动机转子开路、定子接电源的电磁关系与变压器空载运行的电磁关系如何？等效电路有何异同？

（5）在异步电动机设计中，为什么定转子间的气隙要做得很小？

（6）在三相绕组中将原来通入 50 Hz 的三相对称交流电流改为 60 Hz 的三相对称交流电流，电流的幅值不变，问基波合成磁动势的幅值大小、转速和转向如何变化？若将原来通入幅值相同的三相正序电流改为三相负序电流，磁动势有何不同？若通入三相同相位的交流电流，磁动势又如何？

（7）一台三相异步电动机的额定电压为 380 V/220 V，定子绕组接法为 Y/△，试问：①如果将定子绕组△接，接三相 380 V 电压，能否空载运行？能否负载运行？会发生什么情况？②如果将定子绕组 Y 接，接三相 220 V 电压，能否空载运行？能否负载运行？会发生什么情况？

（8）三相异步电动机能否长期运行在最大电磁转矩情况下？为什么？

（9）某三相异步电动机拖动恒功率负载、恒转矩负载和通风机负载运行时，判断图 5.16 中各点是否为稳定运行点。

（10）一台异步电动机额定运行时，通过气隙传递的电磁功率约有 3% 转化为转子铜耗，试问这时电动机的转差率是多少？有多少转化为总机械功率？

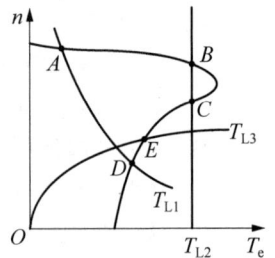

图 5.16 习题（9）图

（11）在三相异步电动机的等效电路中，转子边要进行哪些折算？折算的原则是什么？

（12）绘制出三相异步电动机的 T 形等效电路图，并说明负载变化在等效电路中是如何体现的。

（13）三相异步电动机在接三相对称电源堵转时，转子电流的相序如何确定？电动势频率是多少？转子电流产生的磁动势性质如何？其转向和转速如何？

（14）转子静止与转动时，转子边的电量和参数有何变化？

（15）异步电动机在电动运行过程中，为什么定子磁动势 $\dot{F}_1$、转子磁动势 $\dot{F}_2$ 之间没有相对运动？

（16）用等效静止的转子来代替实际旋转的转子，为什么不会影响定子边的各种量数？定子边的电磁过程和功率传递关系会改变吗？

（17）感应电机等效电路中 $\frac{1-s}{s}R_2'$ 代表什么意义？能否不用电阻而用一个电感或电容来表示？为什么？

（18）当感应电动机机械负载增加后，定子方面输入电流增加，因而输入功率增加，其中的物理过程是怎样的？从空载到满载气隙磁通有何变化？

（19）和同容量的变压器相比较，感应电机的空载电流较大，为什么？

（20）感应电机定子、转子边的频率并不相同，相量图为什么可以画在一起？根据是什么？

（21）什么叫转差功率？转差功率消耗到哪里去了？增大这部分消耗，异步电动机会出现什么现象？

(22) 异步电动机的电磁转矩物理表达式的物理意义是什么?

(23) 异步电动机拖动额定负载运行时,若电源电压下降过多,会产生什么后果?

5. 计算题

(1) 一台三相感应电动机,铭牌参数如下:$P_N = 75\,kW$,$n_N = 975\,r/min$,$U_N = 3\,000\,V$,$I_N = 18.5\,A$,$\cos\varphi = 0.87$,$f_N = 50\,Hz$,试问:①电动机的极数是多少? ②额定负载下的转差率 s 是多少? ③额定负载下的效率 η 是多少?

(2) 一台 Y200L-4 三相异步电动机,$P_N = 30\,kW$,$U_N = 380\,V$,△ 连接,$I_N = 60\,A$,额定输入功率 $P_{1N} = 35\,kW$,额定转差率 $s_N = 0.03$。 试求该电机的额定转速 n_N、额定功率因素 $\cos\varphi_{1N}$ 和额定效率 η_N。

(3) 一台三相四极绕线式异步电动机,额定频率为 50 Hz,定转子对称三相绕组均 Y 接,转子额定电压为 240 V,额定转差率 $s_N = 0.04$,当转子频率为 50 Hz 时转子每相电阻 $R_2' = 0.06\,\Omega$,漏电抗 $X_{2\sigma}' = 0.2\,\Omega$。 试求额定运行时转子电动势的频率、转子相电动势的有效值和转子电流的有效值。

(4) 一台三相绕线异步电动机,$U_N = 380\,V$,Y 形联结,已知该三相异步电动机一相的参数为:$R_1 = 0.8\,\Omega$,$X_1 = 1\,\Omega$,$R_2' = 1\,\Omega$,$X_2' = 4\,\Omega$,$R_m = 6\,\Omega$,$X_m = 75\,\Omega$。 试用 T 形等效电路求该电机在转子开路和转子堵转时的定子线电流。

(5) 一台三相异步电动机的数据为:$U_N = 380\,V$,$f_N = 50\,Hz$,$n_N = 1\,426\,r/min$,定子绕组为 △ 接法。已知该三相异步电动机一相的参数为:$R_1 = 2.865\,\Omega$,$X_1 = 7.71\,\Omega$,$R_2' = 2.82\,\Omega$,$X_2' = 11.75\,\Omega$,$X_m = 202\,\Omega$,R_m 忽略不计。①试求额定负载时的转差率和转子电流的频率。②利用 T 形等效电路计算额定负载时的定子电流 I_1、转子电流折算值 I_2'、输入功率 P_1 和功率因数 $\cos\varphi_1$。

(6) 一台三相异步电动机,$P_N = 5.5\,kW$,Y/△ 接法,$U_N = 380/220\,V$,$\eta_N = 82\%$,$\cos\varphi_{1N} = 0.88$。 试问:①当电源电压为 380 V 时,定子绕组应采用什么连接方式? 这时的额定线电流和额定相电流是多少? ②当电源电压为 220 V 时,定子绕组应采用什么连接方式? 这时额定线电流和额定相电流是多少? ③上述两种情况下的额定线电流的比值和额定相电流的比值是多少?

(7) 一台三相四极异步电动机,已知输入功率 $P_1 = 10.7\,kW$,$f_N = 50\,Hz$,定子铜耗 $p_{Cu1} = 450\,W$,铁耗 $p_{Fe} = 200\,W$,转差率 $s = 0.029$。 试求此时该电机的电磁功率 P_{em}、总机械功率 P_{mec}、转子铜耗 p_{Cu2} 及电磁转矩 T_e。

(8) 一台三相六极异步电动机,$P_N = 28\,kW$,$U_N = 380\,V$,$n_N = 950\,r/min$,$f_N = 50\,Hz$,$\cos\varphi_N = 0.88$。 已知额定运行时各损耗为 $p_{Cu1} = 1\,kW$,$p_{Fe} = 500\,W$,$p_{mec} = 800\,W$,$p_{ad} = 50\,W$。 试求额定运行时转差率 s、转子铜耗 p_{Cu2}、效率 η、定子电流 I_1 和转子电流频率 f_2。

(9) 一台三相四极异步电动机,$P_N = 10\,kW$,$U_N = 380\,V$,$I_N = 20\,A$,$f_N = 50\,Hz$,定子绕组 △ 连接。额定运行时的各损耗为 $p_{Cu1} = 557\,W$,$p_{Cu2} = 314\,W$,$p_{Fe} = 276\,W$,$p_{mec} = 200\,W$,$p_{ad} = 77\,W$。 试求输入功率 P_1、额定转速 n_N、额定运行时的电磁转矩 T_e、输出转矩 T_2 和空载转矩 T_0。

(10) 一台三相六极异步电动机,$f_N = 50\,Hz$,Y 形联结,$U_N = 380\,V$,$R_1 = 2.5\,\Omega$,$X_1 = 3.5\,\Omega$,$R_2' = 1.5\,\Omega$,$X_2' = 4.5\,\Omega$。 试用 Γ 形简化等效电路求该电机在 $s = 0.04$ 时的电磁功率和电磁转矩。

(11) 一台三相四极异步电动机，$P_N = 7.5\,\text{kW}$，$U_N = 380\,\text{V}$，$f_N = 50\,\text{Hz}$，过载能力 $\lambda = 2$，额定转差率 $s_N = 0.029$。试求电动机最大电磁转矩及产生最大电磁转矩时的转速。

(12) 一台三相异步电动机，铭牌参数如下：$P_N = 10\,\text{kW}$，$U_N = 380\,\text{V}$，$n = 1455\,\text{r/min}$，$r_1 = 1.33\,\Omega$，$r_2' = 1.12\,\Omega$，$r_m = 7\,\Omega$，$x_{1\sigma} = 2.43\,\Omega$，$x_{2\sigma}' = 4.4\,\Omega$，$x_m = 90\,\Omega$。定子绕组为△接法，试计算额定负载时的定子电流、转子电流、励磁电流、功率因数、输入功率和效率。

(13) 一台三相六极异步电动机，额定数据如下：$U_N = 380\,\text{V}$，$f_N = 50\,\text{Hz}$，$P_N = 7.5\,\text{kW}$，$n_N = 950\,\text{r/min}$，$\cos\varphi_{1N} = 0.827$，定子绕组 D 接。定子铜耗为 40 W，铁耗为 234 W，机械损耗为 45 W，附加损耗为 80 W。计算在额定负载时的转差率、转子电流频率、转子铜耗、效率及定子电流。

参考答案

1. 填空题

(1) $0 < s < 1$；$s < 0$ (2) 三相笼型异步电动机；三相绕线转子异步电动机 (3) 圆形旋转磁动势；$1500\,\text{r/min}$ (4) $1470\,\text{r/min}$；$30\,\text{r/min}$；$0\,\text{r/min}$ (5) $\dfrac{4}{\pi}$；脉振磁动势

(6) 逆；不变 (7) $9.5\,\text{kW}$；$6\,\text{kW}$；$4\,\text{kW}$；低 (8) $167.6\,\text{N·m}$；$100.6\,\text{N·m}$；0.14；$500\,\text{N·m}$；大于；0.7

2. 选择题

(1) C (2) A (3) A (4) C (5) D (6) A (7) D (8) A (9) B (10) B
(11) A (12) B (13) B (14) A (15) C (16) C (17) A (18) B (19) A (20) B
(21) B (22) D (23) A (24) C (25) C (26) B (27) D (28) D (29) B (30) D

3. 判断题

(1) × (2) × (3) × (4) × (5) √

4. 简答与作图题

(1) 答 因为异步电动机的转向 n 与定子旋转磁场的转向 n_1 相同，只有 $n < n_1$（异步电动机），即转子绕组与定子旋转磁场之间有相对运动，转子绕组才能感应电动势和电流，从而产生电磁转矩。若转速上升到 $n = n_1$，则转子绕组与定子旋转磁场同速、同向旋转，两者相对静止，转子绕组就不感应电动势和电流，也就不产生电磁转矩，电动机就不转了。如果没有外力的帮助，转子转速不能达到同步转速。

(2) 答 额定电压 U_N 是指额定运行状态下加在定子绕组上的线电压，单位为 V；额定电流 I_N 是指电动机在定子绕组上加额定电压、轴上输出额定功率时，定子绕组中的线电流，单位为 A；额定功率 P_N 是指电动机在额定运行时轴上输出的机械功率，单位是 kW。

(3) 答 会旋转。当转子通入三相对称交流电流后会产生旋转磁动势，此时定子将受到与转子旋转磁动势同方向的电磁转矩作用，但由于定子固定，根据作用力与反作用力原理，转子将受到大小相等、方向相反的电磁转矩作用力驱动转子旋转，转子转向为逆时针。

(4) 答 在变压器中，励磁磁动势、主磁通、漏磁通都是随时间发生变化的量，不必考虑空间分布及旋转。而在异步电动机中，励磁磁动势和主磁通既是时间函数又是空间函数，励磁磁动势是定子三相对称电流共同产生的旋转磁动势，其中，Φ_1 是气隙每极基波磁通量。但是两者的分析方法基本相同，都把励磁磁动势产生的磁通分为主磁通和漏磁通，主磁通在

变压器一、二次侧,或在异步电动机的定子、转子绕组中感应电动势,都用 $\dot{E}_1$ 和 $\dot{E}_2$ 表示。而漏磁通在变压器一次侧或异步电动机的定子绕组中的感应电动势都被看成励磁电流 I_0 在漏电抗 X_1 上的电压降,均为 $\dot{E}_{\sigma 1}=-\mathrm{j}\dot{I}_0 X_1$。它们的电压方程式均为 $\dot{U}_1=-\dot{E}_1+\dot{I}_0(R_1+\mathrm{j}X_1)$。漏电抗 X_1 在变压器中是一相电流产生的漏磁通所对应的漏电抗,而在异步电动机中是由三相电流产生的。它们的等效电路是相同的。

(5)答 电动机的定子与转子之间必须有气隙才能旋转。在异步电动机里,要在主磁路中产生同样的气隙每极磁通量,气隙越小,磁阻越小,励磁电流越小,功率因数越高。所以在设计异步电动机时,要求在定、转子不会发生机械碰撞的前提下,尽量把气隙变小。

(6)答 基波合成磁动势的幅值大小及转向与电源频率无关,而磁动势的转速与频率成正比,则转速增加 1.2 倍。若将三相正序电流改为三相负序电流,此时三相合成旋转磁势的旋转方向反向。若通入三相同相位的交流电流,相当于通入零序电流,三相合成的磁动势幅值为 0。

(7)答 电动机铭牌上定子电压 380/220 V,Y/△接法,是指当电源电压是 380 V 时,定子绕组接成 Y 接法,电压为 220 V 时,定子绕组接成 220 V,其实质就是定子每相绕组的额定电压都是 220 V。①若定子绕组△接,接三相 380 V 电压,定子绕组实际超过额定值的 $\sqrt{3}$ 倍,这样使得主磁通大大增大,电机磁路过饱和,励磁电流将急剧增大。若电机本身安装保护装置,则熔断器熔断,对电动机起到保护作用;若电机没有安装保护装置,时间长可能会损坏电机本身。因此不能负载运行。②若定子绕组 Y 接,接三相 220 V 电压,实际定子每相电压远低于额定值,主磁通将减少。若拖动恒转矩负载,主磁通减小会使转子电流增大,同时定子电流也会随之增大,超过额定值,会损坏电动机的绝缘而烧毁电动机。但如果拖动轻载运行,定转子电流不超过额定值,就不会损坏电动机,又因为磁通减小而使得电动机的铁耗降低,节约了电能。

(8)答 不能。最大转矩反映的是电动机短时过载能力,如果长时间工作在最大电磁转矩处,定、转子电流将超过额定电流,烧毁电机,同时最大转矩处运行不稳定,负载转矩稍微增大就会使系统减速甚至停车。

(9)答 A、B、E 是稳定运行点,C、D 是不稳定运行点。

(10)答 根据 $p_{\mathrm{Cu2}}=sP_{\mathrm{em}}$ 可知,这时电动机的转差率是 0.03,若有 3% 的电磁功率转化为转子铜耗,则电磁功率的 97% 转化为总机械功率。

(11)答 对转子侧先进行频率折算后再进行绕组折算。折算的原则是不改变电动机的电磁本质,确保转子电路对定子电路的电磁效应不变。这集中表现在转子磁动势保持不变,等效的转子电路电磁性能即有功功率、无功功率、铜耗必须与实际转子电路一样。

(12)答 若负载增加,转子转速降低,转差率增大,$\dfrac{1-s}{s}R_2'$ 减小,I_2' 增加,由磁动势平衡方程式可知,I_1 增加,所以输入功率 P_1 增加。T 形等效电路图如图 5.17 所示。

(13)答 三相异步电动机堵转时,转子电流的相序与定子电流的相序相同,电动势频率 $f_2=f_1$,由于

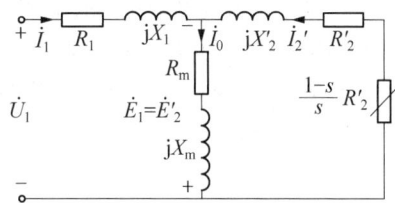

图 5.17 T 形等效电路图

时间上对称的交流电流通入空间上对称的转子绕组中,会产生旋转磁动势,故转子磁动势的转速就是同步转速 n_1,其转向与定子旋转磁动势的方向相同。

(14)答 当转子转动时,转子电流的有效值为

$$\dot{I}_{2s} = \frac{\dot{E}_{2s}}{r_2 + \mathrm{j}x_{2\sigma s}} = \frac{s\dot{E}_2}{r_2 + \mathrm{j}sx_{2\sigma}}$$

转子电流的频率

$$f_2 = \frac{pn_2}{60} = \frac{p(n_1 - n)}{60} = \frac{pn_1}{60} \cdot \frac{n_1 - n}{n_1} = f_1 s$$

相应的转子绕组中的电动势为 $E_{2s} = sE_2$,转子漏抗为 $x_{2\sigma}s = sx_{2\sigma}$,和静止时相比,转子转动时的参数和转差率成正比。

(15)答 设定子旋转磁动势 $\dot{F}_1$ 相对于定子绕组的转速为 n_1,因为转子旋转磁动势 $\dot{F}_2$ 相对于转子绕组的转速为 $n_2 = sn_1$。由于转子本身相对于定子绕组有一转速 n,为此站在定子绕组上看转子旋转磁动势 $\dot{F}_2$ 的转速为 $n_2 + n$。而 $n_2 + n = sn_1 + n = \frac{n_1 - n}{n_1}n_1 + n = n_1$,所以,感应电动机转速变化时,定、转子磁动势之间没有相对运动。

(16)答 异步电动机定、转子之间没有电路上的连接,只有磁路的联系,这点和变压器的情况相类似。从定子边看转子只有转子旋转磁动势 $\dot{F}_2$ 与定子旋转磁动势 $\dot{F}_1$ 起作用,只要维持转子旋转磁动势的大小、相位不变,至于转子边的电动势、电流以及每相串联有效匝数是多少都无关紧要。根据这个道理,设想把实际电动机的转子抽出,换上一个新转子,它的相数、每相串联匝数以及绕组系数都分别和定子的一样。这时在新换的转子中,每相的感应电动势为 E_2'、电流为 I_2',转子漏阻抗为 $Z_2' = R_2' + \mathrm{j}x_{2\sigma}'$,但产生的转子旋转磁动势 $\dot{F}_2$ 和原转子产生的一样。虽然换成了新转子,但转子旋转磁动势并没有改变,所以不影响定子边,从而也就不会影响定子边的各种量数。

定子边的电磁过程和功率传递关系不会改变。

(17)答 用在 $\frac{1-s}{s}R_2'$ 上消耗的电功率来等效代表转子旋转时的机械功率(还包括机械损耗等)。不能。因为输出的机械功率是有功的,故只能用有功元件的电阻来等效代替。

(18)答 因为 $\dot{F}_1 + \dot{F}_2 = \dot{F}_0$,所以 $\dot{F}_1 = \dot{F}_0 + (-\dot{F}_2)$,即

$$\dot{I}_1 + \dot{I}_2' = \dot{I}_0, \ \dot{I}_1 = \dot{I}_0 + (-\dot{I}_2')$$

可见,当感应电动机机械负载增加时,转子侧的电流就会增加,相应转子侧的磁动势也会增大,根据电动势平衡方程式可知,随着转子侧磁动势的增加,定子方面的磁动势也在增加,即输入电流增加,因而输入功率增加。电机从空载到满载运行,由于定子电压不变,因此气隙磁通基本上保持不变。

(19)答 因为感应电机有气隙段,气隙段磁阻很大。

(20)答 因为在这里除了进行匝数、相数折算外,还对转子边的频率进行了折算。本来电动机旋转时能输出机械功率,传给生产机械。经过转子频率的折算,把电动机看成不

转,用一个等效电阻 $\dfrac{1-s}{s}R_2'$ 上的损耗代表电动机总的机械功率,这样就实现了相量图可以画在一起的分析方法。根据的原则就是保持折算方在折算前后的磁动势不变。

(21)**答**　在感应电机中,传送到转子的电磁功率中,s 部分变为转子铜耗,$1-s$ 部分转换为机械功率。由于转子铜耗等于 sP_{em},因此它亦称为转差功率。增大这一部分消耗,会导致转子铜耗增大,电机发热,效率降低。

(22)**答**　电磁功率 P_{em} 除以同步机械角速度 Ω_1 得电磁转矩 $T=\dfrac{P_{em}}{\Omega_1}$,经过整理为 $T=C_T\Phi_1I_2\cos\varphi_2$,从上式看出,异步电动机的电磁转矩 T 与气隙每极磁通 Φ_1、转子电流 I_2 以及转子功率因数 $\cos\varphi_2$ 成正比,或者说与气隙每极磁通和转子电流的有功分量乘积成正比。

(23)**答**　当 $T=T_L=T_N$ 时,若电源电压下降过多,因为 $T_{max}\propto U_1^2$,电磁转矩下降更多,会造成定、转子电流急速增大,则定、转子铜耗增大,且其增加的幅度远远大于铁耗减小的幅度,故效率下降,甚至电动机停转。若无保护,则绕组会因过热而烧毁。

5. 计算题

(1)**解**　① 电动机的极数 $2p=6$。

② 额定负载下的转差率

$$s_N=\frac{n_1-n_N}{n_1}=\frac{1\,000-975}{1\,000}=0.025$$

③ 额定负载下的效率

$$\eta_N=\frac{P_N}{\sqrt{3}U_NI_N\cos\varphi_N}=\frac{75\times10^3}{\sqrt{3}\times3\,000\times18.5\times0.87}\approx0.90$$

(2)**解**　由型号可知,磁极对数 $p=2$。

同步转速

$$n_1=\frac{60f_1}{p}=\frac{60\times50}{2}\,\mathrm{r/min}=1\,500\,\mathrm{r/min}$$

额定转速

$$n_N=n_1(1-s_N)=1\,500\times(1-0.03)\mathrm{r/min}=1\,455\,\mathrm{r/min}$$

额定功率因数

$$\cos\varphi_{1N}=\frac{P_{1N}}{\sqrt{3}U_NI_N}=\frac{35\,000}{\sqrt{3}\times380\times60}\approx0.89$$

额定效率

$$\eta_N=\frac{P_N}{P_1}\times100\%=\frac{30}{35}\times100\%\approx85.7\%$$

(3)**解**　转子电动势的频率

$$f_2=s_Nf_N=0.04\times50\,\mathrm{Hz}=2\,\mathrm{Hz}$$

转子相电动势的有效值

$$E_{2s}=s_N E_{2N}=0.04\times\frac{240}{\sqrt{3}}\text{ V}\approx5.54\text{ V}$$

转子电流的有效值

$$I_{2s}=\frac{E_{2s}}{\sqrt{R_2'^2+(s_N X_{2\sigma}')^2}}=\frac{5.54}{\sqrt{0.06^2+(0.04\times0.2)^2}}\text{ A}\approx91.5\text{ A}$$

(4) **解**　因为定子是 Y 接法，所以 $I_{1ph}=I_{1L}$。

转子开路时

$$\dot I_{1ph}=\frac{\dot U_N/\sqrt{3}}{Z_1+Z_m}=\frac{380/\sqrt{3}}{0.8+j+6+j75}\text{ A}\approx2.87\angle-84.89°\text{ A}$$

转子堵转时

$$\dot I_{1ph}=\frac{\dot U_N/\sqrt{3}}{Z_1+\dfrac{Z_m Z_2'}{Z_m+Z_2'}}=\frac{380/\sqrt{3}}{0.8+j+\dfrac{(6+j75)(1+j4)}{6+j75+1+j4}}\text{ A}\approx43\angle-70.33°\text{ A}$$

(5) **解**　① 额定负载时的转差率

$$s=\frac{n_1-n}{n_1}=\frac{1\,500-1\,426}{1\,500}\approx0.049\,3$$

转子电流的频率

$$f_2=sf_1=0.049\,3\times50\text{ Hz}=2.465\text{ Hz}$$

② 额定负载时的阻抗计算：

$$Z_2'=\frac{R_2'}{s_N}+X_2'=\frac{2.82}{0.049\,3}+j11.75\approx57.2+j11.75\approx58.4\angle11.6°$$

转子漏阻抗与励磁阻抗的并联值为

$$\frac{Z_2' X_m}{Z_2'+X_m}=\frac{58.4\angle11.6°\times j202}{57.2+j11.75+j202}\approx53.43\angle26.6°\approx47.77+j23.92$$

总阻抗为

$$Z=Z_1+\frac{Z_2' X_m}{Z_2'+X_m}=2.865+j7.71+47.77+j23.92$$
$$=50.635+j31.63\approx59.7\angle31.99°$$

定子相电流

$$\dot I_{1ph}=\frac{\dot U_1}{Z}=\frac{380}{59.7\angle31.99°}\text{ A}\approx6.37\angle-31.99°\text{ A}$$

定子线电流

$$I_1 = \sqrt{3}\, I_{1ph} = \sqrt{3} \times 6.37\,\text{A} \approx 11.03\,\text{A}$$

功率因数

$$\cos\varphi_1 = \cos 31.99° \approx 0.848\,(\text{滞后})$$

输入功率

$$P_1 = \sqrt{3}\, U_1 I_1 \cos\varphi_1 = \sqrt{3} \times 380 \times 11.03 \times 0.848\,\text{W} \approx 6\,156.1\,\text{W}$$

定子漏阻抗

$$Z_1 = 2.865 + \text{j}7.71 \approx 8.225\angle 69.62°$$

感应电动势

$$\dot{E}_1 = \dot{U}_1 - \dot{I}_1 Z_1 = 380 - 6.37\angle -31.99° \times 8.225\angle 69.62° \approx 340\angle -5.4°$$

转子电流折算值

$$\dot{I}'_{2ph} = \frac{\dot{E}_1}{Z'_2} = \frac{340\angle -5.4°}{58.4\angle 11.6°} \approx 5.82\angle -17°\,\text{A}$$

(6) **解**　① 当电源电压为 380 V 时,定子绕组应用 Y 接法。

$$I_{1NLY} = \frac{P_N}{\sqrt{3}\, U_N \eta_N \cos\varphi_{1N}} = \frac{5\,500}{\sqrt{3} \times 380 \times 0.82 \times 0.88}\,\text{A} \approx 11.6\,\text{A}$$

$$I_{1NphY} = I_{1NLY} = 11.6\,\text{A}$$

② 当电源电压为 220 V 时,定子绕组应用 △ 接法。

$$I_{1NL\triangle} = \frac{P_N}{\sqrt{3}\, U_N \eta_N \cos\varphi_{1N}} = \frac{5\,500}{\sqrt{3} \times 220 \times 0.82 \times 0.88}\,\text{A} \approx 20\,\text{A}$$

$$I_{1Nph\triangle} = \frac{I_{1NL\triangle}}{\sqrt{3}} = \frac{20}{\sqrt{3}}\,\text{A} \approx 11.6\,\text{A}$$

③

$$\frac{I_{1NL\triangle}}{I_{1NLY}} = \frac{20}{11.6} \approx 1.72$$

$$\frac{I_{1Nph\triangle}}{I_{1NphY}} = \frac{11.6}{11.6} = 1$$

(7) **解**　电磁功率

$$P_{em} = P_1 - p_{Cu1} - p_{Fe} = (10\,700 - 450 - 200)\,\text{W} = 10\,050\,\text{W}$$

总机械功率

$$P_{mec} = (1-s)P_{em} = (1-0.029) \times 10\,050\,\text{W} = 9\,758.55\,\text{W}$$

转子铜耗

$$p_{Cu2} = sP_{em} = 0.029 \times 10\,050\,W = 291.45\,W$$

电磁转矩

$$T_e = 9.55\frac{P_{em}}{n_1} = 9.55 \times \frac{10\,050}{1\,500}\,N \cdot m = 63.985\,N \cdot m$$

(8) **解** 同步转速

$$n_1 = \frac{60f_1}{p} = \frac{60 \times 50}{3}\,r/min = 1\,000\,r/min$$

额定转差率

$$s_N = \frac{n_1 - n_N}{n_1} = \frac{1\,000 - 950}{1\,000} = 0.05$$

总机械功率

$$P_{mec} = P_N + p_{mec} + p_{ad} = (28 + 0.8 + 0.05)\,kW = 28.85\,kW$$

电磁功率

$$P_{em} = \frac{P_{mec}}{1 - s_N} = \frac{28.85}{1 - 0.05}\,kW \approx 30.37\,kW$$

转子铜耗

$$p_{Cu2} = s_N P_{em} = 0.05 \times 30.37\,kW = 1.5185\,kW$$

输入功率

$$P_1 = P_{em} + p_{Cu1} + p_{Fe} = (30.37 + 1 + 0.5)\,kW = 31.87\,kW$$

效率

$$\eta = \frac{P_N}{P_1} \times 100\% = \frac{28}{31.87} \times 100\% \approx 87.86\%$$

定子电流

$$I_1 = \frac{P_1}{\sqrt{3}U_1\cos\varphi_1} = \frac{31\,870}{\sqrt{3} \times 380 \times 0.88}\,A \approx 55\,A$$

转子电流频率

$$f_2 = sf_1 = 0.05 \times 50\,Hz = 2.5\,Hz$$

(9) **解** 输入功率

$$P_1 = P_N + \sum p = P_N + p_{Cu1} + p_{Fe} + p_{Cu2} + p_{mec} + p_{ad}$$
$$= (10\,000 + 557 + 276 + 314 + 200 + 77)\,W = 11\,424\,W$$

电磁功率

$$P_{em} = P_N + p_{Cu2} + p_{mec} + p_{ad} = (10\,000 + 314 + 200 + 77)\,W = 10\,591\,W$$

额定转差率

$$s_N = \frac{p_{Cu2}}{P_{em}} = \frac{314}{10\,591} \approx 0.03$$

同步转速

$$n_1 = \frac{60 f_1}{p} = \frac{60 \times 50}{2}\,r/min = 1\,500\,r/min$$

额定转速

$$n_N = n_1(1 - s_N) = 1\,500 \times (1 - 0.03)\,r/min = 1\,455\,r/min$$

电磁转矩

$$T_e = 9.55 \frac{P_{em}}{n_1} = 9.55 \times \frac{10\,591}{1\,500}\,N \cdot m \approx 67.43\,N \cdot m$$

输出转矩

$$T_2 = 9.55 \frac{P_N}{n} = 9.55 \times \frac{10\,000}{1\,455}\,N \cdot m \approx 65.64\,N \cdot m$$

空载转矩

$$T_0 = T_e - T_2 = (67.43 - 65.64)\,N \cdot m = 1.79\,N \cdot m$$

(10) **解**　$I_2' = \dfrac{U_{1ph}}{\sqrt{\left(R_1 + \dfrac{R_2'}{s}\right)^2 + (X_1 + X_2')^2}} = \dfrac{380/\sqrt{3}}{\sqrt{\left(2.5 + \dfrac{1.5}{0.04}\right)^2 + (3.5 + 4.5)^2}}\,A$

$\approx 5.38\,A$

电磁功率

$$P_{em} = 3 I_2'^2 \frac{R_2'}{s} = 3 \times 5.38^2 \times \frac{1.5}{0.04}\,W \approx 3\,256\,W$$

同步转速

$$n_1 = \frac{60 f_1}{p} = \frac{60 \times 50}{3}\,r/min = 1\,000\,r/min$$

电磁转矩

$$T_e = 9.55 \frac{P_{em}}{n_1} = 9.55 \times \frac{3\,256}{1\,000}\,N \cdot m \approx 31\,N \cdot m$$

(11) **解** 同步转速

$$n_1 = \frac{60 f_1}{p} = \frac{60 \times 50}{2} \text{ r/min} = 1\,500 \text{ r/min}$$

额定转速

$$n_N = n_1(1 - s_N) = 1\,500 \times (1 - 0.029) \text{r/min} = 1\,456.5 \text{ r/min}$$

额定转矩

$$T_N = 9.55 \frac{P_N}{n_N} = 9.55 \times \frac{7\,500}{1\,456.5} \text{ N} \cdot \text{m} \approx 49.2 \text{ N} \cdot \text{m}$$

最大转矩

$$T_{\max} = \lambda T_N = 2 \times 49.2 \text{ N} \cdot \text{m} = 98.4 \text{ N} \cdot \text{m}$$

临界转差率

$$s_m = s_N(\lambda + \sqrt{\lambda^2 - 1}) = 0.029 \times (2 + \sqrt{3}) \approx 0.108$$

产生最大转矩时对应的转速

$$n_m = n_1(1 - s_m) = 1\,500 \times (1 - 0.108) = 1\,338 \text{ r/min}$$

(12) **解** 采用 Γ 形等效电路，相电流为

$$\dot{I}'_{2N} = \frac{\dot{U}_N}{r_1 + r'_2/S_N + j(x_{1\sigma} + {}'_{2\sigma})} = \frac{380 \angle 0°}{1.33 + 1.12/0.03 + j(2.43 + 4.4)} \text{ A}$$
$$\approx 9.68 \angle -10.02° \text{ A}$$

$$\dot{I}_0 = \frac{\dot{U}_N}{r_1 + jx_{1\sigma} + r_m + jx_m} = \frac{380 \angle 0°}{1.33 + j2.43 + 7 + j90} \text{ A} \approx 4.09 \angle -84.85° \text{ A}$$

$$\dot{I}_1 = \dot{I}'_{2N} + \dot{I}_0 = 9.68 \angle -10.02° \text{ A} + 4.21 \angle -85.55° \text{ A}$$
$$\approx 11.25 \angle -31.48° \text{ A}$$

功率因数

$$\cos\varphi = \cos 31.48° \approx 0.85$$

输入功率

$$P_1 = 3U_N I_1 \cos\varphi = 3 \times 380 \times 11.25 \times 0.85 \text{ W} \approx 10\,901 \text{ W}$$

效率

$$\eta_N = P_N/P_1 = 10 \times 10^3/10\,901 \approx 91.7\%$$

(13) **解** $$s_N = \frac{n_1 - n_N}{n_1} = \frac{1\,000 - 962}{1\,000} = 0.038$$

$$f_2 = s_N f_1 = 0.038 \times 50 = 1.9 \text{ Hz}$$

由于 $P_{em} = P_N + P_{Cu2} + p_m + p_{ad} = P_N + s_N P_{em} + p_m + p_{ad}$

因此 $P_{em} = (P_N + p_m + p_{ad})/(1 - s_N) = (7\,500 + 45 + 80)/(1 - 0.038)\,\text{W} \approx 7\,926\,\text{W}$

$$p_{Cu2} = s_N P_{em} = 0.038 \times 7\,926\,\text{W} \approx 301\,\text{W}$$

$$\eta_N = \frac{P_N}{P_1} = \frac{P_N}{P_{em} + p_{Cu1} + p_{Fe}} = \frac{7\,500}{7\,926 + 40 + 234} \approx 91.5\%$$

$$I_{1N} = \frac{P_N}{\sqrt{3}U_{1N}\cos\varphi_{1N}\eta_N} = \frac{7\,500}{\sqrt{3} \times 380 \times 0.827 \times 0.915}\,\text{A} \approx 15.06\,\text{A}$$

第6章
三相异步电动机的电力拖动

6.1 知识点归纳

1. 三相异步电动机的起动

（1）判断起动方法是否合适，主要从两个方面考虑：一是是否有足够大的起动转矩；二是起动电流或从电网上得到的电流是否在允许范围内。

（2）三相笼型异步电动机的起动方法有直接起动和减压起动。

①直接起动：电动机的额定功率小于等于 7.5 kW 的笼型电动机可以直接起动。

若电动机的额定功率大于 7.5 kW，则需满足下列条件才可以采用直接起动的方法；如果不能满足，则必须使用减压起动。

$$K_I = \frac{I_{1st}}{I_{1N}} \leqslant \frac{1}{4}\left[3 + \frac{\text{电源总容量(kVA)}}{\text{电动机容量(kW)}}\right]$$

② 减压起动：减压起动包括 Y-△减压起动、自耦减压起动、串电阻（抗）减压起动和延边三角形减压起动。

a. Y-△减压起动只适用于正常运行时应为三角形联结的电动机。该方法使得电动机的起动电流和起动转矩都减小到直接起动时的 1/3。优点是起动设备体积小、成本低、寿命长、检修方便、动作可靠；缺点是起动电压只能降低到全电压的 $1/\sqrt{3}$，不能按不同负载选择不同的起动电压。只适用于空载或轻载起动。

b. 自耦减压起动是利用自耦变压器降低加到电动机定子绕组的电压，以减小起动电流的起动方法。起动电流和起动转矩均减小到直接起动时的 k_A^2。k_A 是自耦变压器的二次绕组电压的抽头比，为满足不同负载要求，抽头比可以分别为 40%、60%、80% 或 55%、64%、73%。优点是多个电压抽头可供不同负载下对起动转矩的不同要求而选择；缺点是起动设备体积大、质量大、价格高，并需要经常维护检修。

c. 串电阻（抗）减压起动是在起动时，电动机定子电路中串接电阻或电抗，以减小电动机定子绕组上的电压而减小起动电流，待转速基本稳定时再将其从定子电路中切除。起动电流与降低了的电动机定子绕组端电压成正比，起动转矩与端电压的平方成正比。与自耦减压起动相比，在同一起动电流下，起动转矩降低得更多，其适用于通风机、泵类负载不需要大的起动转矩，又需要限制起动电流的场合。优点是起动电流冲击小，运行可靠，起动设备构造简单;缺点是起动时电能损耗较多。

　　d. 延边三角形减压起动是正常运行时三角形联结的电动机,定子每相绕组中间引出一个出线端,起动时定子绕组每相一侧出线端接电源,另一侧与中间出线端相联结,构成所谓的延边三角形联结法。其绕组电压降低值与绕组的中间出线端的抽头比有关,优点是体积小、质量小、允许经常起动,不同抽头比可得到不同相电压,从而起动不同负载;缺点是电动机内部接线较为复杂。

　　(3) 三相绕线转子异步电动机的起动方法有转子串接电阻起动和转子串接频敏变阻器起动。

　　① 转子串接电阻起动方法:转子三相绕组通过集电环与电刷串接附加电阻,既可以限制起动时的转子及定子电流,又能增大起动转矩,减少起动时间,比笼型异步电动机有较好的起动性能,适用于功率较大的重载起动。缺点是控制设备庞大、结构复杂、造价高,电能损耗较多。

　　② 转子串接频敏变阻器起动方法:频敏变阻器使其电阻值随转速的上升而自动减小,结构简单,起动过程中电磁转矩变化平滑,价格便宜、运行可靠。缺点是与转子串接电阻起动方法相比,功率因数较低,起动转矩小,适用于需要频繁起动的生产机械,但对于要求起动转矩很大的生产机械则不宜采用。

2. 三相异步电动机的各种运行状态

　　(1) 电动运行状态。

　　转子旋转方向与旋转磁动势的转向相同,$n < n_1$,$0 < s < 1$,T_e 与 n 方向一致,为拖动转矩。电动机从电网吸收电功率,从轴上输出机械功率。第一象限为正向电动,第三象限为反向电动。

　　(2) 回馈制动状态。

　　转子的转速大于旋转磁动势的同步转速,$n > n_1$,$s < 0$。转子电动势、电磁转矩、机械功率以及从电网的输入功率均为负值。T_e 与 n 的方向相反,定子绕组将电能反馈给电网,电动机工作于发电运行状态。

　　(3) 反接制动状态。

　　转速方向(倒拉反转)的反接制动,$s = \dfrac{n_1 - (-n)}{n_1} = \dfrac{n_1 + n}{n_1} > 1$;定子两相反接的反接制动,$s = \dfrac{-n_1 - n}{-n_1} = \dfrac{n_1 + n}{n_1} > 1$,一方面从电网中吸收电能,另一方面将旋转系统中获得的机械能转化为电能,共同消耗在转子回路中。从能量损耗来看,反接制动是最不经济的。

　　(4) 能耗制动状态。

　　定子绕组脱离电网,并立即通入直流电流,在定子内建立一个固定磁场,转子由于惯性继续转动,在转子电路中产生的电动势和电流产生的电磁转矩 T_e 与 n 的方向相反。

3. 三相异步电动机的调速方法

　　由异步电动机的转速表达式 $n = n_1(1-s) = \dfrac{60f_1}{p}(1-s)$ 可知,要调节异步电动机的转速,有三种方法:改变定子绕组的极对数、改变供电电源的频率和改变电动机的转差率。

　　(1) 改变定子绕组的极对数(变极调速)。

　　将定子绕组线圈的抽头重新连接,可以改变定子绕组的极对数,从而调节电动机的转速。只能实现有级调速,仅适用于笼型异步电动机。

（2）改变供电电源的频率（变频调速）。

对于恒转矩负载调速,保证下式成立,就可以保持磁通恒定,从而随着频率的变化而引起转速变化时,保证电动机的转矩基本不变。

$$\frac{U_1'}{f_1'} = \frac{U_1}{f_1} = 常数$$

式中,U_1',f_1' 为变频后的定子电压和频率;U_1,f_1 为变频前的定子电压和频率。

对于恒功率负载调速,保持 $\dfrac{U_1'}{\sqrt{f_1'}} = \dfrac{U_1}{\sqrt{f_1}} = 常数$,则随着频率和转速的变化,磁通和转矩也会相应变化,但电动机的功率基本不变。

（3）改变电动机的转差率。

对于绕线转子电动机,通过在转子回路中串接电阻调速,如果保证调速时 $I_2 = I_{2N}$,则有

$$I_2 = I_{2N} = \frac{E_2}{\sqrt{\left(\dfrac{R_2}{s_N}\right)^2 + X_2^2}} = \frac{E_2}{\sqrt{\left(\dfrac{R_2 + R_c}{s_1}\right)^2 + X_2^2}} = 常数,此时 \frac{R_2}{s_N} = \frac{R_2 + R_c}{s_1}。$$ 式中,R_c 为

串接电阻值;s_1 为调速后的转差率。

另外,还有改变定子电压调速、串级调速等方法。

6.2　习题解析

1. 填空题

（1）三相异步电动机定子绕组接法为_____,才有可能采用 Y-△起动。

（2）一台笼型异步电动机绕组为△接法,$\lambda = 2.5$,$K_1 = 1.6$,供电变压器容量足够大,该电动机_____用 Y-△起动拖动额定负载起动,_____用自耦变压器拖动额定负载起动。

（3）一台三相异步电动机拖动反抗性恒转矩负载运行于正向电动状态,对调其定子绕组任意两个出线端后,电动机的运行状态经_____和_____,最后稳定运行于_____状态。

（4）三相异步电动机进行能耗制动时,直流励磁电流越大,则初始制动转矩越_____。

（5）三相异步电动机拖动恒转矩负载进行变频调速时,为了保证过载能力和主磁通不变,则 U_1 应随着 f_1 按_____规律调节。

2. 选择题

（1）三相异步电动机笼式与绕线式区别在于_____,_____适应于变极运行。

（　　）

　　A. 转子结构,绕线式　　　　　　　　B. 定子结构,绕线式

　　C. 转子结构,笼式　　　　　　　　　D. 定子结构,笼式

　（2）三相绕线式异步电动机,转子串适当电阻起动时,起动转矩_____,最大转矩_____。（　　）

　A. 减小,增大　　　B. 增大,增大　　　C. 减小,不变　　　D. 增大,不变

　（3）三相笼型异步电动机的星-三角起动,指的是绕组在正常运行时采用_____接法,在起动时采用_____接法。（　　）

　A. 星形,三角形　　B. 三角形,星形　　C. 星形,星形　　　D. 三角形,三角形

　（4）三相笼型电动机采用星-三角起动方法时,与直接起动方法相比,起动电流变为原来的_____倍,起动转矩变为原来的_____倍。（　　）

　A. $1/\sqrt{3}$, $\sqrt{3}$　　B. $1/3$, 3　　C. $1/\sqrt{3}$, $1/\sqrt{3}$　　D. $1/3$, $1/3$

　（5）异步电动机采用自耦变压器起动,与直接起动方法相比,起动电流变为原来的_____倍,起动转矩变为原来的_____倍。（自耦变压器的变比记为 k）（　　）

　A. $1/k^2$, $1/k$　　B. $1/k^2$, $1/k^2$　　C. $1/k$, $1/k$　　　D. $1/k$, k

　（6）一台定子Y接的三相笼型异步电动机,如果起动前发生一相绕组断线,_____起动;如果空载运行过程中发生一相绕组断线,_____继续运行。（　　）

　A. 能,能　　　　　B. 能,不能　　　　C. 不能,不能　　　D. 不能,能

　（7）三相绕线式异步电动机转子串电阻调速时,其最大转矩_____、临界转差率_____。（　　）

　A. 不变,变小　　　B. 变大,变大　　　C. 不变,不变　　　D. 不变,变大

　（8）三相异步电动机的转速公式跟（　　）无关。

　A. 电机电源电压　　B. 电机电源频率　　C. 电机极对数　　　D. 电机转差率

　（9）三相绕线式异步电动机带位能性恒转矩负载,要实现极低速下放（接近于零）,可采用的方式为（　　）。

　A. 定子两相对调

　B. 降低电源电压

　C. 转子回路串合适的电阻

　D. 定子绕组脱离电网,两相将接入直流电源

　（10）三相异步电动机拖动恒转矩负载,当进行变极调速时,应采用的联结方式是（　　）。

　A. Y-YY　　　　　B. Y-△　　　　　C. △-YY　　　　D. 正串Y-反串Y

3. 判断题

　（1）由公式 $T_e = C_T \Phi_m I_2' \cos\varphi_2$ 可知,电磁转矩与转子电流成正比,因为直接起动时的起动电流很大,所以起动转矩也很大。（　　）

　（2）电动机拖动的负载越重,电流越大,因此只要空载,三相异步电动机就可以直接起动。（　　）

　（3）三相绕线转子异步电动机转子回路串入电阻可以增大起动转矩,串入电阻值越大,起动转矩也越大。（　　）

　（4）三相绕线转子异步电动机提升位能性恒转矩负载,当转子回路串接适当的电阻值时,重物可以停在空中。（　　）

　（5）三相异步电动机的变极调速只能用在笼型转子电动机上。（　　）

4. 简答题

(1) 三相异步电动机起动电流大而起动转矩却不大,这是为什么?

(2) 笼型异步电动机能否直接起动主要考虑哪些条件? 不能直接起动时为什么可以采用减压起动? 减压起动时对起动转矩有什么要求?

(3) 为什么容量为几千瓦的直流电动机不能直接起动而同样容量的三相笼型异步电动机却可以直接起动?

(4) 三相异步电动机在额定负载下运行,如果电源电压低于其额定电压,则电动机的转速、主磁通及定、转子电流将如何变化?

(5) 三相异步电动机能耗制动时,保持通入定子绕组的直流电流恒定,在制动过程中气隙磁通是否变化? 如何变化?

(6) 三相绕线转子异步电动机拖动恒转矩负载运行,在电动状态下增大转子电阻时电动机的转速降低,而在转速反向的反接制动时增大转子外串电阻会使转速升高,这是为什么?

(7) 当三相异步电动机拖动位能性负载时,为了限制负载下降时的速度,可采用哪几种制动方法? 如何改变制动运行时的速度? 各制动运行时的能量关系如何?

(8) 三相异步电动机运行于反向回馈制动状态时,是否可以把电动机定子出线端从接在电源上改变为接在负载用电设备上? 为什么?

(9) 三相异步电动机改变极对数后,若电源的相序不变,电动机的旋转方向会怎样?

(10) YY‑Y 联结和 YY‑△联结的变极调速都可以实现二极变四极,为什么前者属于恒转矩调速方式而后者却是接近恒功率调速方式?

(11) 绕线式三相异步电动机转子回路串入电抗器能否起到调速作用? 为什么不采用串入电抗器的调速方法?

(12) 变频调速时,可否在 $f_1 < f_N$ 时,保持 $U_1 = U_N$,而在 $f_1 > f_N$ 时,保持 U_1/f_1 为常数?

(13) 在额定转矩不变的条件下,如果把外施电压提高或降低,电动机的运行情况 (P_1, P_2, n, η, $\cos\varphi$) 会发生怎样的变化?

(14) 为什么异步电动机最初起动电流很大,而最初起动转矩却并不太大?

(15) 起动电阻不加在转子内,而串联在定子回路中,是否也可以达到同样的目的?

(16) 简述绕线转子异步电动机转子回路中串电阻调速时,电动机内所发生的物理过程。 如果负载转矩不变,在调速前后转子电流是否改变? 电磁转矩及定子电流会变吗?

5. 计算题

(1) 某三相笼型异步电动机,$P_N = 30$ kW,$U_N = 380$ V,$n_N = 742$ r/min,$\eta_N = 88\%$,$\cos\varphi_{1N} = 0.89$,$K_I = 7$,$K_T = 1.8$,$\lambda = 2.2$。 起动电流不允许超过 300 A,若拖动负载 $T_L = 600$ N·m,试问能否在以下状态下带此负载:①长期运行;②短时运行;③直接起动。

(2) 一台三相笼型异步电动机的数据为:额定功率 $P_N = 15$ kW,$U_N = 380$ V,三角形联结,$I_N = 29$ A,全压起动电流倍数 $K_I = 6$,起动转矩倍数 $K_T = 2$,由容量 $S_N = 200$ kVA 的三相变压器供电,电动机起动时,要求从变压器取得的电流不能超过变压器的额定电流,若电动机拖动额定负载起动,试问应采用什么起动方法:①直接起动;②星‑三角起动;③选用自耦变压器抽头比 $K_A = 73\%$ 减压起动。

　　(3) 某三相绕线转子异步电动机的数据为：$P_N = 15.5\,kW$，$n_N = 1425\,r/min$，$\lambda = 2$，现用它起吊某重物。当转子电路不串电阻时，$n = 1450\,r/min$，若在转子电路中串入电阻使转子电路每相电阻增加一倍，试问这时的转速是多少？

　　(4) 一台三相绕线式转子异步电动机数据为：$P_N = 75\,kW$，$E_{2N} = 384\,V$，$I_{2N} = 133\,A$，$n_N = 970\,r/min$，$\lambda = 2.8$，在电动机拖动额定负载运行时，采用定子两相反接制动停车，要求制动开始时最大制动转矩为 $2T_N$，求转子每相串入的制动电阻值。

　　(5) 一台三相笼型异步电动机，$P_N = 10\,kW$，$n_N = 1420\,r/min$，$\lambda = 2.0$，$f_N = 50\,Hz$，拖动额定恒转矩负载运行，现欲采用反接制动使系统迅速停车。试问：反接制动瞬间电动机产生的制动转矩是多少？

　　(6) 某三相绕线异步电动机，$P_N = 60\,kW$，$n_N = 952\,r/min$，$E_{2N} = 215\,V$，$I_{2N} = 205\,A$，$\lambda = 2.5$，其拖动起重机主钩，当提升重物时电动机负载转矩 $T_L = 530\,N \cdot m$。试问：①电动机工作在固有机械特性上提升该重物时，电动机的转速是多少？②不改变电源相序，若使下放速度为 $n = -280\,r/min$，转子回路应串入多大电阻？③若在电动机不断电的条件下，将重物停在空中，应如何做？

　　(7) 三相异步电动机的数据为：$P_N = 22\,kW$，$n_N = 1440\,r/min$，$\lambda = 2.2$，$f_N = 50\,Hz$，拖动额定恒转矩负载运行。试求 $f_1 = 0.8f_N$，$U_1 = 0.8U_N$ 时的转速。

　　(8) 三相异步电动机的数据为：$P_N = 22\,kW$，$n_N = 1440\,r/min$，$\lambda = 2.2$，$f_N = 50\,Hz$，拖动额定恒转矩负载运行。试求 $f_1 = 1.2f_N$，$U_1 = U_N$ 时的转速。

　　(9) 一台绕线转子异步电动机的额定数据为：$P_N = 175\,kW$，$n_N = 720\,r/min$，$I_{1N} = 148\,A$，$E_{2N} = 213\,V$，$I_{2N} = 220\,A$，最大转矩倍数 $\lambda = 2.4$，转子绕组 Y 接。①为了使起动转矩等于最大电磁转矩，即 $T_{st} = T_{max}$，求转子回路每相应串入的电阻值。②电动机拖动恒转矩负载 $T_L = 0.8T_N$，要求电动机的转速 $n = 500\,r/min$，求转子回路每相应串入的电阻值。

　　(10) 一台绕线式三相异步电动机，定子绕组 Y 接，四极，其额定数据如下：$f_1 = 50\,Hz$，$P_N = 150\,kW$，$U_N = 380\,V$，$n_N = 1455\,r/min$，$E_{2N} = 213\,V$，$I_{2N} = 420\,A$，$\lambda = 2.6$。问：①起动转矩是多少？② 欲使起动转矩增大一倍，转子每相串入多大电阻？

　　(11) 一台绕线式三相异步电动机，其额定数据为：$P_N = 750\,kW$，$n_N = 720\,r/min$，$I_{1N} = 148\,A$，$E_{2N} = 213\,V$，$I_{2N} = 220\,A$，最大转矩倍数 $\lambda = 2.4$，$U_N = 380\,V$。拖动恒转矩负载 $T_L = 0.85T_N$ 时，欲使电动机转速 $n = 540\,r/min$。若：①采用转子回路串电阻，求每相电阻值；②采用变频调速，保持 U/f 是常数，求频率与电压。

参考答案

1. 填空题

(1) △接法　　(2) 不能;不能　　(3) 反接制动;反向起动;反向电动　　(4) 大　　(5) 正比

2. 选择题

(1) C　(2) D　(3) B　(4) D　(5) B　(6) D　(7) D　(8) A　(9) C　(10) A

3. 判断题

(1) ×　(2) ×　(3) ×　(4) √　(5) √

4. 简答题

(1) **答**　因为起动时，电动机的气隙磁通和转子功率因数都很小，虽然起动电流很大，

电磁转矩 $T_e = C_T \Phi_m I_2' \cos\varphi_2$ 的值却不大。

（2）**答** ①考虑电网供电变压器的容量是否允许直接起动。②减压起动的目的是限制起动电流，以满足电网的要求。③异步电动机的电磁转矩与定子电压的平方成正比，降压会导致起动转矩大幅度降低，因此减压起动仅适用于对初始起动转矩要求不高的场合。

（3）**答** 直流电动机的直接起动电流 $I_{st} = U_N / R_a$，由于 $U_N \gg R_a$，起动电流将达到额定电流的十几倍，甚至几十倍，这是电动机本身所不能允许的，因此直流电动机不能直接起动。三相异步电动机在设计时通常允许直接起动电流为额定电流的 5～7 倍，同时供电变压器容量通常也能满足小功率的三相异步电动机直接起动要求，所以几千瓦的三相异步电动机可以直接起动。

（4）**答** 当电源电压下降时，从三相异步电动机的机械特性曲线可知，工作点下移，则转速将下降。由公式 $U_1 \approx E_1 = 4.44 f_1 N_1 k_{w1} \Phi_m$ 可知，当电源电压 U_1 下降时，主磁通 Φ_m 减小。由公式 $T_e = C_T \Phi_m I_2' \cos\varphi_2$ 可知，当负载转矩不变时，电动机的电磁转矩不变，而 $\cos\varphi_2$ 不变，主磁通 Φ_m 减小，转子电流 I_2' 将增大，则定子电流 I_1 也随之增大。

（5）**答** 变化。定子电流产生的磁通不变，但转子感应电流的大小和相位随转速在制动过程中变化，则转子感应电流对应的磁动势也在变化。由于转子磁动势起去磁作用，转速高时，去磁作用强，气隙磁通 Φ_m 小，随着转速的下降，转子磁动势下降，去磁作用减弱，气隙磁通 Φ_m 增大，当转速为零时，Φ_m 较大，主磁路将出现饱和。

（6）**答** 电动机的转速 $n = n_1(1-s)$。

在电动状态下，s 在 0～1 变化，在增大转子电阻 R_C 时，s 增大，表现为 n 减小；在转子反向的反接制动时，$s > 1$，表现为反转转速升高。如图 6.1 所示，机械特性 2 的转子外串电阻大于机械特性 1；机械特性 4 的转子外串电阻大于机械特性 3。在电动状态下，$n_2 < n_1$；在转子反向的反接制动运行状态下，$n_3 < n_4$。

（7）**答** ①采用能耗制动、转速方向（倒拉反转）反接制动、反向回馈制动均可以实现匀速下放负载，即在第四象限出现稳定运行点。②要改变下放重物的速度，可以通过改变转子回路串入电阻值的大小来实现，即改变机械特性的斜率，串入电阻值

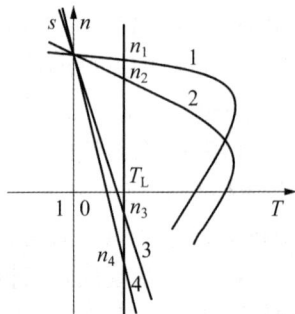

图 6.1 习题（6）图

越大，机械特性越软，转速下放得越大。③能量关系表现为能耗制动时，转子的机械功率转变为电功率消耗在转子回路的电阻上。反接制动时，电动机定子从电网输入电功率，转子从轴上输入机械功率转变为电功率，共同消耗在转子回路的电阻上。回馈制动时，电动机从轴上输入机械功率转变为电功率回馈给电网中。

（8）**答** 不可以。从有功功率传递的角度看，三相异步电动机运行于反向回馈制动状态时，从轴上输入机械功率转变为电功率回馈给电网。但是从无功功率传递关系看，电动机运行于反向回馈制动时，仍然需要从电网输入滞后的无功功率建立磁通，与电动运行状态相似。若把电动机定子出线端从电源上断开而改接到用电设备上，则有功功率可以传递给负载用电器，但是不能从负载用电器中获得无功功率，电动机不能建立磁通，也就不能继续运行。

(9) **答**　反转。

(10) **答**　YY-Y联结,变极前后电磁转矩之比近似为1,输出功率之比为0.5,表明电磁转矩与转速之间几乎无关,故为恒转矩调速方式。

YY-△联结,变极前后电磁转矩之比近似为$\sqrt{3}$,输出功率之比为0.866,表明既不是恒功率也不是恒转矩调速方式,变极调速前后功率接近1,故接近恒功率调速方式。

(11) **答**　绕线式三相异步电动机转子串电抗器能起到调速作用。但实际上转子回路不采用串电抗器的调速方法,是因为转子串入电抗器会使得电动机的最大转矩减小,电动机的过载能力下降,同时串入电抗器会使得功率因数$\cos\varphi_2$及$\cos\varphi_1$降低。

(12) **答**　不可以。因为当$f_1 < f_N$时,若保持$U_1 = U_N$,则磁通$\varPhi_m$会增加,引起磁路饱和,铁耗增加,功率因数下降;当$f_1 > f_N$时,若保持U_1/f_1为常数,则$U_1 > U_N$,容易烧毁电动机,也是不允许的。

(13) **答**　设额定电压运行时为B点。在额定转矩不变的条件下,如果把外施电压提高,则转速n增加,如图6.2中A点,输出功率P_2增大,输入功率P_1将会增加。由于电压提高,铁耗增大,但定、转子电流减小,铜耗减小,且后者更显著,故效率提高。而由于电压提高,磁通增大,空载电流增大,功率因数降低。如果把外施电压降低,则转速n下降,如图6.2中C点,P_2减小,输入功率P_1将会减小。而电压下降,铁损减小,但此时定子电流和转子电流均在增大,定、转子铜损增大,其增加的幅度远大于铁损减小值,电压下降,空载电流也会下降,功率因数$\cos\varphi$上升。

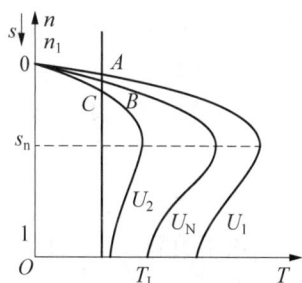

图6.2　习题(13)图

(14) **答**　起动时,因为$n=0$, $s=1$,旋转磁场以同步转速切割转子,感应出很大的电动势和电流。因为电流平衡关系,引起它平衡的定子电流的负载分量也跟着增加,所以异步电动机最初起动电流很大。但是,起动时的$\cos\varphi_2$很小,转子电流的有功分量就很小;其次,由于起动电流很大,定子绕组的漏抗压降大,使感应电动势E_1减小,这样,φ_1也减小。所以,起动时,φ_1小,电流的有功分量也小,使得起动时的起动转矩也不大。

(15) **答**　不能。虽然将起动电阻加在定子回路中,会降低加在定子上的起动电压,从而实现起动电流的降低,但是因为$T_{st} \propto U_1^2$,在降低起动电流的同时起动转矩也在降低,而且是以平方的速度降低,所以并不能达到将电阻串在转子回路的效果。

(16) **答**　如图6.3所示,改变转子回路串入电阻值的大小,当拖动恒转矩负载运行,且为额定负载转矩,即$T_L = T_N$时,电动机的转差率由s_N分别变为s_1、s_2、s_3。显然,所串电阻越大,转速越低。已知电磁转矩为$T_e \propto \varphi_m I_2 \cos\varphi_2$,当电源电压一定时,主磁通基本上是定值,转子电流$I_2$可以维持在它的额定值工作。转子电流公式为

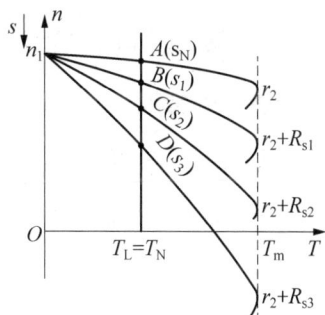

图6.3　习题(16)图

$$I_2 = I_{2N} = \frac{E_2}{\sqrt{\left(\frac{r_2}{s_N}\right)^2 + x_{2\sigma}^2}} = \frac{E_2}{\sqrt{\left(\frac{r_2 + r_s}{s}\right)^2 + x_{2\sigma}^2}}$$

从上式看出,转子串电阻调速对,如果保持电机转子电流为额定值,必有

$$\frac{r_2}{s_N} = \frac{r_2 + r_1}{s} = 常数$$

当负载转矩 $T_L = T_N$ 时,则有

$$\frac{r_2}{s_N} = \frac{r_2 + R_{s1}}{s_1} = \frac{r_2 + R_{s2}}{s_2} = \frac{r_2 + R_{s3}}{s_3}$$

式中,s_1、s_2、s_3 分别是转子串入不同的电阻 R_{s1}、R_{s2}、R_{s3} 后的转差率。绕线式异步电动机转子回路串电阻如果负载转矩不变,从上面的分析可以看出,在调速前后转子电流、电磁转矩及定子电流不会发生改变。

5. 计算题

(1) **解** ① 额定负载

$$T_N = 9.55 \frac{P_N}{n_N} = 9\,550 \times \frac{30}{742} \, \text{N} \cdot \text{m} \approx 386 \, \text{N} \cdot \text{m}$$

由于负载 $T_L > T_N$,此台电动机不可以拖动负载长期运行。

② $$T_{max} = \lambda T_N = 2.2 \times 386 \, \text{N} \cdot \text{m} = 849.2 \, \text{N} \cdot \text{m}$$

由于 $T_{max} > T_L$,此台电动机拖动负载可以短时运行。

③ $$T_{st} = K_T T_N = 1.8 \times 386 \, \text{N} \cdot \text{m} = 694.8 \, \text{N} \cdot \text{m}$$

$$I_{1N} = \frac{P_N}{\sqrt{3} U_N \eta_N \cos\varphi_{1N}} = \frac{30\,000}{\sqrt{3} \times 380 \times 0.88 \times 0.89} \, \text{A} \approx 58.2 \, \text{A}$$

$$I_{st} = K_I I_{1N} = 7 \times 58.2 \, \text{A} = 407.4 \, \text{A}$$

虽然 $T_{st} > T_N$,但因为 $I_{st} > 300 \, \text{A}$,超过电流允许值,所以电动机不能带负载直接起动。

(2) **解** ① 电动机的额定功率 $> 7.5 \, \text{kW}$,故通过 $K_I = \dfrac{I_{1st}}{I_{1N}} \leqslant \dfrac{1}{4}\left(3 + \dfrac{\text{电源总容量}}{\text{电动机容量}}\right)$ 判断是否能直接起动。

左侧 $K_I = 6$,右侧 $= \dfrac{1}{4}\left(3 + \dfrac{200}{15}\right) \approx 4.1$,不满足条件,故不能直接起动。

② 星形-三角形起动

$$I'_{1st} = \frac{1}{3} I_{1st} = \frac{1}{3} K_I I_N = \frac{1}{3} \times 6 \times 29 \, \text{A} = 58 \, \text{A}$$

变压器的额定电流 $I_N = \dfrac{S_N}{\sqrt{3} U_N} = \dfrac{200\,000}{\sqrt{3} \times 380} \, \text{A} \approx 304 \, \text{A}$,起动电流满足要求;

$$T'_{st} = \frac{1}{3} T_{st} = \frac{1}{3} K_{st} T_N = \frac{1}{3} \times 1.8 \times T_N \approx 0.6 T_N < T_L,$$起动转矩不满足要求,故不能

采用星形-三角形起动。

③ 自耦变压器减压起动:抽头比 $K_A = 73\%$。

$I'_{1st} = K_A^2 I_{1st} = K_A^2 K_I I_{1N} = 0.73^2 \times 6 \times 29 \, \text{A} \approx 92.7 \, \text{A}$,起动电流满足要求;

$T'_{st} = K_A^2 T_{st} = K_A^2 K_T T_N = 0.73^2 \times 2 \times T_N \approx 1.1 T_N > T_L$,起动转矩满足要求,可以选用 $K_A = 73\%$ 的自耦变压器减压起动。

(3) **解** (方法一) $s_N = \dfrac{n_1 - n_N}{n_1} = \dfrac{1\,500 - 1\,425}{1\,500} = 0.05$

$$s_m = s_N(\lambda + \sqrt{\lambda^2 - 1}) = 0.05 \times (2 + \sqrt{2^2 - 1}) \approx 0.19$$

$$s = \frac{n_1 - n}{n_1} = \frac{1\,500 - 1\,450}{1\,500} \approx 0.033$$

$$T_N = 9\,550 \frac{P_N}{n_N} = 9\,550 \times \frac{15.5}{1\,425} \, \text{N} \cdot \text{m} \approx 103.9 \, \text{N} \cdot \text{m}$$

$$T = \frac{2T_{max}}{\dfrac{s}{s_m} + \dfrac{s_m}{s}} = \frac{2 \times \lambda \times T_N}{\dfrac{s}{s_m} + \dfrac{s_m}{s}} = \frac{2 \times 2 \times 103.9}{\dfrac{0.033}{0.19} + \dfrac{0.19}{0.033}} \, \text{N} \cdot \text{m} \approx 70.1 \, \text{N} \cdot \text{m}$$

转子电路电阻增加一倍,s_m 与转子电路电阻成正比,则

$$s'_m = 2s_m = 2 \times 0.19 = 0.38$$

由于负载不变,则电动机拖动转矩不变。

$$T = \frac{2T_{max}}{\dfrac{s}{s'_m} + \dfrac{s'_m}{s}} \Rightarrow \frac{s}{s'_m} + \frac{s'_m}{s} = \frac{2T_{max}}{T} = \frac{2 \times 2 \times 103.9}{70.1} \approx 5.9$$

$$\Rightarrow s^2 - 2.242s + 0.144\,4 = 0 \Rightarrow s \approx 2.18 \,(\text{舍}) \,\text{或}\, s \approx 0.066$$

$$n = n_1(1 - s) = 1\,500 \times (1 - 0.066) \, \text{r/min} = 1\,401 \, \text{r/min}$$

(方法二)根据工程近似运算,三相异步电动机对于拖动恒转矩负载,则 $\dfrac{R_2}{s_1} = \dfrac{R_2 + R_f}{s_2}$。

当转子不串入电阻时,电动机的转速 $n = 1\,450 \, \text{r/min}$,则此时转差率为

$$s_1 = \frac{n_1 - n}{n_1} = \frac{1\,500 - 1\,450}{1\,500} \approx 0.033$$

$$\frac{R_2}{s_1} = \frac{R_2 + R_f}{s_2} \Rightarrow \frac{R_2}{s_1} = \frac{2R_2}{s_2} \Rightarrow s_2 = 2s_1 = 0.066$$

$$n = n_1(1 - s) = 1\,500 \times (1 - 0.066) \, \text{r/min} = 1\,401 \, \text{r/min}$$

(4) **解** $$s_N = \frac{n_1 - n_N}{n_1} = \frac{1\,000 - 970}{1\,000} = 0.03$$

$$s_m = s_N(\lambda + \sqrt{\lambda^2 - 1}) = 0.03 \times (2.8 + \sqrt{2.8^2 - 1}) \approx 0.16$$

$$R_2 = \frac{s_N E_{2N}}{\sqrt{3} I_{2N}} = \frac{0.015 \times 384}{\sqrt{3} \times 133} \Omega \approx 0.025 \Omega$$

在反接制动的瞬间，$T_e = 2T_N$，由于转速来不及变化，但旋转磁场的转向相反，则此时的转差率为

$$s = \frac{-n_1 - n_N}{n_1} = \frac{-1\,000 - 970}{1\,000} = -1.97$$

$$\Rightarrow 2T_N = \frac{2T_{max}}{\frac{s}{s'_m} + \frac{s'_m}{s}} \Rightarrow \frac{1.97}{s'_m} + \frac{s'_m}{1.97} = 2.8$$

$$s'_m = 0.828 \text{ 或 } s'_m = 4.688$$

当转子回路串入电阻时，T_{max} 不变，$s'_m \propto R_2$，$\frac{s'_m}{s_m} = \frac{R_2 + R_c}{R_2}$，

$$R_{c1} = \left(\frac{s'_m}{s_m} - 1\right) \times R_2 = \left(\frac{0.828}{0.16} - 1\right) \times 0.025 \Omega \approx 0.1 \Omega \text{ 或 } R_{c2} = 0.71 \Omega$$

（5）**解**
$$s_N = \frac{n_1 - n_N}{n_1} = \frac{1\,500 - 1\,420}{1\,500} \approx 0.053$$

$$s_m = s_N(\lambda + \sqrt{\lambda^2 - 1}) = 0.053 \times (2.0 + \sqrt{2.0^2 - 1}) \approx 0.198$$

$$T_N = 9\,550 \frac{P_N}{n_N} = 9\,550 \times \frac{10}{1\,420} \text{N} \cdot \text{m} \approx 67.25 \text{N} \cdot \text{m}$$

制动瞬间，转速 $n = 1\,420 \text{ r/min}$，转差率

$$s = \frac{-n_1 - n_N}{n_1} = \frac{-1\,500 - 1\,420}{1\,500} \approx -1.95$$

$$T_e = -\frac{2T_{max}}{\frac{s}{s_m} + \frac{s_m}{s}} = -\frac{2 \times 2.0 \times 67.25}{\frac{1.95}{0.198} + \frac{0.198}{1.95}} \text{N} \cdot \text{m} \approx -27.04 \text{N} \cdot \text{m}$$

（6）**解** ①
$$s_N = \frac{n_1 - n_N}{n_1} = \frac{1\,000 - 952}{1\,000} = 0.048$$

$$s_m = s_N(\lambda + \sqrt{\lambda^2 - 1}) = 0.048 \times (2.5 + \sqrt{2.5^2 - 1}) \approx 0.23$$

$$T_N = 9\,550 \frac{P_N}{n_N} = 9\,550 \times \frac{60}{952} \text{N} \cdot \text{m} \approx 602 \text{N} \cdot \text{m}$$

$$T_{max} = \lambda T_N = 2.5 \times 602 \text{N} \cdot \text{m} = 1\,505 \text{N} \cdot \text{m}$$

$$T_e = \frac{2T_{max}}{\frac{s}{s_m} + \frac{s_m}{s}} \Rightarrow T_L = \frac{2 \times 1\,505}{\frac{s}{0.23} + \frac{0.23}{s}} \Rightarrow \frac{s}{0.23} + \frac{0.23}{s} \approx 5.68$$

$$\Rightarrow s \approx 1.265 (\text{舍}) \text{ 或 } s_1 \approx 0.042$$

$$n = n_1(1 - s_1) = 1\,000 \times (1 - 0.042)\,\text{r/min} = 958\,\text{r/min}$$

② 不改变电源相序,下放重物,则电动机工作于转速反向的反接制动。

$$s_2 = \frac{n_1 - n}{n_1} = \frac{1\,000 - (-280)}{1\,000} = 1.28$$

$$R_2 = \frac{s_N E_{2N}}{\sqrt{3} I_{2N}} = \frac{0.048 \times 215}{\sqrt{3} \times 205}\,\Omega \approx 0.029\,\Omega$$

$$\frac{R_2}{s_1} = \frac{R_2 + R_{c1}}{s_2}, \quad R_{c1} = \left(\frac{s_2}{s_1} - 1\right)R_2 = \left(\frac{1.28}{0.042} - 1\right) \times 0.029\,\Omega \approx 0.85\,\Omega$$

③ 电源不断电时,欲使重物停在空中,只有在转子回路串入适当电阻值才能实现,此时转速为0,转差率 $s_3 = 1$。

$$\frac{R_2}{s_1} = \frac{R_2 + R_{c2}}{s_3}, \quad R_{c2} = \left(\frac{s_3}{s_1} - 1\right)R_2 = \left(\frac{1}{0.042} - 1\right) \times 0.029\,\Omega \approx 0.66\,\Omega$$

(7) **解** $\quad n_1 = \dfrac{60f}{p} = \dfrac{60 \times 50}{2} = 1\,500\,\text{r/min}, \quad s_N = \dfrac{n_1 - n_N}{n_1} = \dfrac{1\,500 - 1\,440}{1\,500} = 0.04$

$$s_m = s_N(\lambda + \sqrt{\lambda^2 - 1}) = 0.04 \times (2.2 + \sqrt{2.2^2 - 1}) \approx 0.166$$

$f_1 = 0.8f_N$,$U_1 = 0.8U_N$,则$\dfrac{U}{f} = $ 定值,T_{max} 不变,$s_m \propto \dfrac{1}{f_1}$,

$$s'_m = \frac{f_N}{f_1}s_m = \frac{f_N}{0.8f_N}s_m = \frac{0.166}{0.8} = 0.207\,5$$

$$T_e = \frac{2T_{max}}{\dfrac{s}{s_m} + \dfrac{s_m}{s}} \Rightarrow T_N = \frac{2 \times \lambda \times T_N}{\dfrac{s}{s'_m} + \dfrac{s'_m}{s}} \Rightarrow s^2 - 0.913s + 0.043\,1 = 0$$

$$\Rightarrow s \approx 0.863(舍) \ \text{或} \ s \approx 0.05$$

$$n'_1 = \frac{60f_1}{p} = \frac{60 \times 0.8 \times 50}{2}\,\text{r/min} = 1\,200\,\text{r/min}$$

$$n = n'_1(1 - s) = 1\,200 \times (1 - 0.05)\,\text{r/min} = 1\,140\,\text{r/min}$$

(8) **解** $\qquad n_1 = \dfrac{60f}{p} = \dfrac{60 \times 50}{2}\,\text{r/min} = 1\,500\,\text{r/min}$

$$s_N = \frac{n_1 - n_N}{n_1} = \frac{1\,500 - 1\,440}{1\,500} = 0.04$$

$$s_m = s_N(\lambda + \sqrt{\lambda^2 - 1}) = 0.04 \times (2.2 + \sqrt{2.2^2 - 1}) \approx 0.166$$

$$T_N = 9\,550\frac{P_N}{n_N} = 9\,550 \times \frac{22}{1\,440}\,\text{N} \cdot \text{m} \approx 146\,\text{N} \cdot \text{m}$$

$$T_{max} = \lambda T_N = 2.2 \times 146\,\text{N} \cdot \text{m} = 321.2\,\text{N} \cdot \text{m}$$

$T_{\max} \propto \dfrac{1}{f^2}$，故

$$T'_{\max} = \left(\dfrac{f_N}{f_1}\right)^2 T_{\max} = \dfrac{T_{\max}}{1.2^2} = \dfrac{321.2}{1.2^2}\,\text{N} \cdot \text{m} \approx 223\,\text{N} \cdot \text{m}$$

$$s_m \propto \dfrac{1}{f_1}, \quad s'_m = \left(\dfrac{f_N}{f_1}\right) s_m = \dfrac{s_m}{1.2} = \dfrac{0.166}{1.2} \approx 0.138$$

$$T_e = \dfrac{2T'_{\max}}{\dfrac{s}{s'_m} + \dfrac{s'_m}{s}} \Rightarrow 146 = \dfrac{2 \times 223}{\dfrac{s}{0.138} + \dfrac{0.138}{s}} \Rightarrow s^2 - 0.422s + 0.019 = 0$$

$$\Rightarrow s \approx 0.370(\text{舍}) \text{ 或 } s \approx 0.051$$

$$n'_1 = \dfrac{60 f_1}{p} = \dfrac{60 \times 1.2 \times 50}{2}\,\text{r/min} = 1\,800\,\text{r/min}$$

$$n = n'_1(1 - s) = 1\,800 \times (1 - 0.051)\,\text{r/min} = 1\,708.2\,\text{r/min}$$

(9) **解** ① 当起动转矩 $T_{st} = T_m$ 时，$s'_m = 1$，

$$s_N = \dfrac{n_1 - n_N}{n_1} = \dfrac{750 - 720}{750} = 0.04$$

$$R_2 = \dfrac{s_N E_{2N}}{\sqrt{3}\,I_{2N}} = \dfrac{0.04 \times 213}{\sqrt{3} \times 220}\,\Omega \approx 0.022\,4\,\Omega$$

$$s_m = s_N(\lambda + \sqrt{\lambda^2 - 1}) = 0.04 \times (2.4 + \sqrt{2.4^2 - 1}) \approx 0.183$$

$$R_c = \left(\dfrac{s'_m}{s_m} - 1\right) R_2 = \left(\dfrac{1}{0.183} - 1\right) \times 0.022\,4\,\Omega \approx 0.1\,\Omega$$

②
$$s_1 = \dfrac{n_1 - n}{n_1} = \dfrac{750 - 500}{750} \approx 0.33$$

$$s'_m = s_1\left[\lambda\dfrac{T_N}{T_1} + \sqrt{\lambda^2\left(\dfrac{T_N}{T_1}\right)^2 - 1}\right] = 0.33 \times \left[\dfrac{2.4 T_N}{0.8 T_N} + \sqrt{\left(\dfrac{2.4 T_N}{0.8 T_N}\right)^2 - 1}\right] \approx 1.923$$

$$R_c = \left(\dfrac{s'_m}{s_m} - 1\right) R_2 = \left(\dfrac{1.923}{0.183} - 1\right) \times 0.022\,4\,\Omega \approx 0.213\,\Omega$$

(10) **解** ① 如图 6.4 所示，

$$T_N = 9\,550\dfrac{P_N}{n_N} = 9\,550 \times \dfrac{150}{1\,455}\,\text{N} \cdot \text{m} \approx 984.5\,\text{N} \cdot \text{m}$$

$$s_N = \dfrac{n_1 - n_N}{n_1} = \dfrac{1\,500 - 1\,455}{1\,500} = 0.03$$

$$s_m = s_N(\lambda + \sqrt{\lambda^2 - 1}) = 0.03 \times (2.6 + \sqrt{2.6^2 - 1}) \approx 0.25$$

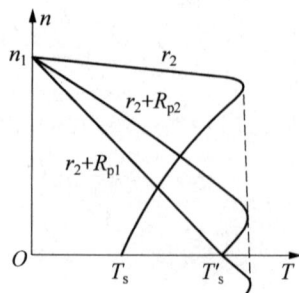

图 6.4 习题(10)图

$$T_s = \frac{2\lambda T_N}{\dfrac{s}{s_m} + \dfrac{s_m}{s}} = \frac{2 \times 2.6 \times 984.5}{\dfrac{1}{0.15} + \dfrac{0.15}{1}} \text{N} \cdot \text{m} = 751.0 \,\text{N} \cdot \text{m}$$

② 欲使起动转矩增大一倍,则

$$T_s' = \frac{2\lambda T_N}{\dfrac{s}{s_m'} + \dfrac{s_m'}{s}} = \frac{2 \times 2.6 \times 984.5}{\dfrac{1}{s_m'} + \dfrac{s_m'}{1}} \text{N} \cdot \text{m} = 2 \times 751.0 \,\text{N} \cdot \text{m}$$

得

$$s_{m1} = 3.084, \quad s_{m2} = 0.324$$

$$r_2 = \frac{s_N E_{2N}}{\sqrt{3} I_{2N}} = \frac{0.04 \times 213 \,\text{V}}{\sqrt{3} \times 420 \,\text{A}} = 0.008\,78 \,\Omega$$

$$R_{p1} = \left(\frac{s_{m1}}{s_m} - 1\right) r_2 = \left(\frac{3.084}{0.15} - 1\right) \times 0.008\,78 \,\Omega = 0.172 \,\Omega$$

$$R_{p2} = \left(\frac{s_{m2}}{s_m} - 1\right) r_2 = \left(\frac{0.324}{0.15} - 1\right) \times 0.008\,78 \,\Omega = 0.010 \,\Omega$$

(11) 解   ① 如图 6.5 所示,

$$s_N = \frac{n_1 - n_N}{n_1} = \frac{750 - 720}{750} = 0.04$$

当 $T_L = 0.85 T_N$ 时,

$$s = \frac{T_L}{T_N} s_N = 0.85 \times 0.04 = 0.034$$

当 $n = 540 \,\text{r/min}$ 时,

$$s' = \frac{n_1 - n}{n_1} = \frac{750 - 540}{750} = 0.28$$

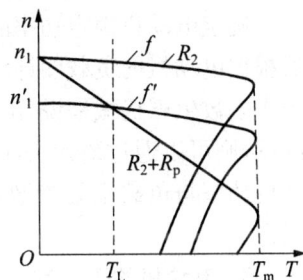

图 6.5   习题(11)图

$$R_2 = \frac{s_N E_{2N}}{\sqrt{3} I_{2N}} = \frac{0.04 \times 213 \,\text{V}}{\sqrt{3} \times 220 \,\text{A}} \approx 0.022\,4 \,\Omega$$

转子回路串电阻

$$R_p = \left(\frac{s'}{s} - 1\right) R_2 = \left(\frac{0.28}{0.034} - 1\right) \times 0.022\,4 \,\Omega \approx 0.162 \,\Omega$$

② $\Delta n = s n_1 = 0.034 \times 750 \,\text{r/min} = 25.5 \,\text{r/min}$

当 $n = 540 \,\text{r/min}$ 时,

$$n_1' = n + \Delta n = (540 + 25.5)\text{r/min} = 565.5 \,\text{r/min}$$

$$f' = \frac{n_1'}{n_1} f_N = \frac{565.5}{750} \times 50 \,\text{Hz} = 37.7 \,\text{Hz}$$

$$U_1' = \frac{f'}{f_N} U_N = \frac{37.7}{50} \times 380 \,\text{V} \approx 286.5 \,\text{V}$$

第7章
电力拖动系统电动机的选择

7.1 知识点归纳

1. 确定电动机的额定功率的因素

确定电动机额定功率时主要考虑以下两个因素:一是电动机的发热及温升;二是电动机的短时过载能力。对于笼型异步电动机还应考虑起动能力。

2. 确定电动机额定功率的基本方法

确定电动机额定功率的基本方法是依据机械负载变化的规律,绘制电动机的负载图,然后根据电动机的负载图计算电动机的发热和温升曲线,从而确定电动机的额定功率。但对于大多数生产机械来说,由于工艺过程的多样性及原始数据不足等问题,很难得出可靠的负载图,则可以通过统计法,即对同类型负载所选用电动机额定功率进行统计和分析,找出电动机功率与负载主要参数的关系,得出相应的额定功率的计算公式。也可以通过类比法确定。

3. 电动机的工作制

电动机的工作制是对电动机承受负载情况的说明,包括起动、电气制动、空载、停车及其各阶段持续时间和顺序等。根据国家标准《旋转电机 定额和性能》(GB/T 755—2019),电动机的工作制分为 $S_1 \sim S_9$ 类,常用的共有三种,即 $S_1 \sim S_3$ 工作制。

(1)连续工作制(S_1)是指电动机在恒定负载下持续工作,其工作时间足以使电动机达到稳定温升。对于连续工作制的电动机,取使其稳定温升恰好等于容许最高温升时的输出功率作为额定功率。

(2)短时工作制(S_2)是指电动机拖动恒定负载在给定的时间内运行,运行时间较短,不足以使电动机达到稳定温升,随之断电停车,停机时间足够长,使电动机冷却到环境温度。短时工作制的标准时间是 10 min、30 min、60 min 和 90 min。

(3)断续周期工作制(S_3)是指电动机按一定工作周期运行,周期时间为 10 min,每个周期包括恒定负载运行时间 t_R 和断电停机时间 t_0,两段时间都很短,运行时间内电动机不能达到稳定温升,停机时间内温升不能降到零,经过若干周期后,电动机的温升即在一个稳定的小范围内波动。在断续周期工作制中,负载运行时间与工作周期时间之比称为负载持续率 FS,用百分数表示为 $FS = \dfrac{t_R}{t_R + t_0} \times 100\%$。标准的负载持续率为 15%、25%、40%

和 60%。

4. 连续工作制电动机额定功率的选择

（1）恒定负载连续工作制电动机额定功率选择：计算出负载所需功率 P_L，选择一台额定功率 P_N 略大于 P_L 的连续工作制电动机，不必进行发热校验。对于笼型异步电动机或同步电动机，需要校验其起动能力。

（2）周期性变化负载连续工作制电动机额定功率选择：先计算出生产机械的负载图，在此基础上预选电动机并做出电动机的负载图，确定电动机的发热情况。然后进行发热、过载、起动校验，校验通过，则预选电动机合适。否则重新预选电动机，如此反复，直到选好。发热校验通常采用平均损耗法、等效电流法、等效转矩法、等效功率法。

5. 短时工作制电动机额定功率选择

应选用专用的短时工作制电动机，在没有专用电动机的情况下，也可以选用连续工作制电动机或断续周期工作制电动机。

（1）选用短时工作制电动机，如果恒定负载 P_L 且负载工作时间与电动机铭牌给出的标准工作时间相同，则选择电动机的额定功率略大于 P_L 即可。若电动机工作时间与标准工作时间不同，则选择相近的标准时间，并对负载功率进行折算。折算公式为 $P_{LN}=P_L\sqrt{\dfrac{t_R}{t_{RN}}}$。

（2）选择连续工作制电动机，工作时间较短时，电动机发热问题不大，主要考虑电动机的过载能力，对于笼型异步电动机还要考虑起动能力，额定功率选择按照 $P_N\geqslant\dfrac{P_L}{\lambda_m}$ 确定。

（3）选择断续周期工作制电动机，具有较大的过载能力，可以用来拖动短时工作制负载。负载持续率与短时工作时间的对应关系为：$t_R=30$ min，相当于 $FS=15\%$；$t_R=60$ min，相当于 $FS=25\%$；$t_R=90$ min，相当于 $FS=40\%$。

6. 断续周期工作制电动机额定功率选择

专用的断续周期工作制电动机具有起动和过载能力强、机械强度高、飞轮惯量小等特点，并能在金属粉尘和高温环境下工作，是专为频繁起动、制动、过载、反转、工作环境恶劣的生产机械设计制造的，如起重机、冶金机械等，这些生产机械一般不采用其他工作制的电动机。若 $FS<10\%$，则按短时工作制选择；若 $FS>70\%$，则按连续工作制选择。

7. 电动机类型、额定电压、额定转速及外部结构形式的选择

（1）选择电动机的类型的原则：在满足生产机械对过载能力、起动能力、调速性能指标及运行状态等各方面要求的前提下，优先选择结构简单、运行可靠、维护方便、价格便宜的电动机。

（2）电动机额定电压的选择：中小型三相异步电动机额定功率 $P_N\geqslant200$ kW，选择 6 000 V；$P_N<200$ kW，选用 380 V 或 3 000 V，$P_N<100$ kW，选用 380 V；$P_N>1 000$ kW，选用 10 kV。煤矿用生产机械常采用 380 V/660 V 的电动机。直流电动机的额定电压一般为 110 V、220 V 和 440 V。

（3）电动机额定转速的选择：同容量电动机，额定转速高、体积小、价格低，由于生产机械的转速有一定的要求，电动机转速越高，传动机构的传动比越大，传动机构越复杂，设备成本和维修费用越高。因此，应综合考虑电动机和生产机械两方面的多种因素再确定合理的额定转速。

(4) 电动机外部结构形式选择：电动机安装多用卧式，特殊情况用立式。外壳防护形式有开启式、防护式、封闭式及防爆式等，可根据应用场合选择。

7.2 习题解析

1. 选择题

(1) 电动机若周期性地工作 15 min、停歇 85 min，则工作方式应属于（　　）。

A. 断续周期工作方式，$FS=15\%$　　　　B. 连续工作方式

C. 短时工作方式　　　　D. 无法确定

(2) 电动机若周期性地额定负载运行 5 min、空载运行 5 min，则工作方式应属于（　　）。

A. 断续周期工作方式，$FS=50\%$　　　　B. 连续工作方式

C. 短时工作方式　　　　D. 无法确定

(3) 连续工作方式的三相绕线异步电动机运行于短时工作方式时，若工作时间极短，选择其额定功率主要考虑（　　）。

A. 电动机的发热与温升　　　　B. 过载倍数与起动能力

C. 过载倍数　　　　D. 起动能力

(4) 确定电动机在某一工作方式下额定功率的大小，即电动机在这种工作方式下运行时实际达到的最高温升应（　　）。

A. 等于绝缘材料的允许温升　　　　B. 高于绝缘材料的允许温升

C. 低于绝缘材料的允许温升　　　　D. 与绝缘材料允许温升无关

(5) 一台三相绕线异步电动机额定负载长期运行时，其最高温升等于允许温升。现采用转子回路串入电阻的调速方法，拖动额定恒转矩负载运行，若不考虑低速时散热条件恶化因素影响，则长期运行时（　　）。

A. 由于转子电流恒定不变，$I_2=I_{2N}$，因此最高温升等于允许温升

B. 由于经常处于低速运行，转差率大，转子铜耗大，总损耗增加，使得最高温升大于允许温升，影响电动机寿命

C. 由于经常处于低速运行，转差率大，输出功率小，因此最高温升小于允许温升，电动机没有充分利用

D. 无法确定

2. 简答题

(1) 同一台电动机，如果不考虑机械强度或换向问题，在下列条件下拖动负载运行时，为充分利用电动机，它的输出功率是否一样？如果不一样，哪个最大？哪个最小？①自然冷却，高温环境；②自然冷却，环境温度为 40℃；③强迫通风，高温环境；④强迫通风，环境温度为 40℃。

(2) 为什么说电动机运行时的稳定温升取决于负载的大小？

(3) 确定电动机额定功率时应主要考虑哪些因素？

(4) 按照电动机的发热情况，电动机的工作制分为哪几种？阐述不同工作制电动机的工作时间和温升特点。

（5）为什么按照短时工作制和断续周期工作制设计的电动机改作连续工作制方式运行时，其允许输出的功率要小于其铭牌标示的额定功率?

参考答案

1. 选择题

（1）C　（2）A　（3）C　（4）A　（5）B

2. 简答题

（1）**答**　输出功率不一样。强迫通风，环境温度为 40℃ 下输出功率最大；自然冷却，高温环境下输出功率最小。

（2）**答**　负载大，则电流大，损耗大，电动机在单位时间内产生的热量多，电动机的稳定温升就高。

（3）**答**　主要考虑电动机的工作制、电动机允许的最高温度、环境温度和海拔等因素。

（4）**答**　按照电动机的发热情况，电动机的工作制可以分为三类，即连续工作制、短时工作制、断续周期工作制。连续工作制时，电动机连续工作时间很长，温升可达额定值；短时工作制时，电动机的工作时间较短，在此时间内温升达不到额定值，而停车时间又相当长，电动机的温度可降到周围介质的温度，此时温升为零；断续周期工作制时，电动机工作时间和停歇时间轮流交替，两段时间都较短，在工作期间，电动机温升来不及达到稳定值，而停车时间，温升也来不及降到周围介质温度，经过一定周期，温升有所上升，最后温升将在某一范围内上下波动。

（5）**答**　按短时和断续周期工作制设计的电动机，其额定功率是最高温升或上限温升等于额定温升时的功率，它们的最高温升和上限温升都低于在该功率时的稳定温升。如果改作连续工作制方式运行，而输出功率不变，则电动机的稳定温升就会超过额定温升，所以允许输出的功率要小于铭牌标示的额定功率。

第8章

同步电机

8.1 知识点归纳

1. 同步电机的分类

同步电机分为同步发电机、同步电动机。

同步发电机把机械能转换为电能,用于发电厂。

同步电动机把电能转换为机械能,主要的应用是同步调相机。

同步电动机的特殊应用:调相机是一种特殊类型的同步电动机,工作于空载状态。专门用来调节电网的无功功率,通过调节同步电动机的励磁电流改变向电网输出的无功功率值,从而改善电网的功率因数。

2. 同步电机的主要结构和额定值

(1) 结构。

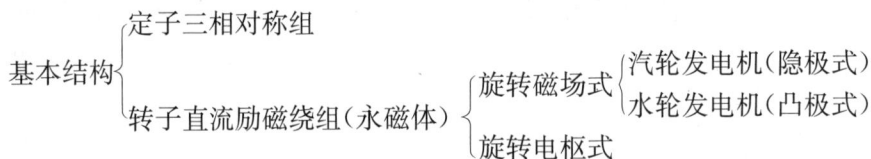

(2) 额定值。

① 额定功率 $P_N(kW)$。指电机输出功率的保证值。同步发电机指输出额定电功率(有功功率),同步电动机指输出额定机械功率(有功功率)。同步调相机的额定功率用无功功率表示(kVA)。

额定功率的计算方法如下。

同步发电机:$P_N = \sqrt{3}U_N I_N \cos\varphi_N$。

同步电动机:$P_N = \sqrt{3}U_N I_N \eta_N \cos\varphi_N$。

② 额定电压 $U_N(V)$。同步电机在额定运行时定子三相绕组的线电压。

③ 额定电流 $I_N(A)$。同步电机在额定运行时流过定子绕组的线电流。

④ 额定频率 f_N。额定运行时同步电机电枢的频率。我国标准工频频率为 $50\,Hz$。

⑤ 额定转速 $n_N(r/min)$。电机的同步转速。

⑥ 额定功率因数 $\cos\varphi_N$。额定运行时同步电机的功率因数。

⑦ 额定励磁电流 I_{fN}。

3. 同步发电机在电力系统中的应用

主要有汽轮机组(隐极式)和水轮机组(凸极式)。

4. 同步发电机的工作原理

(1) 空载运行。

空载运行时，$I_a=0$，$I_f \neq 0$，$n=n_N$。

空载时发电机内部电磁关系：$\dot{I}_f \rightarrow \dot{F}_f = I_f N_f \rightarrow \begin{cases} \Phi_f \\ \Phi_{f\sigma} \end{cases}$

空载时同步发电机气隙磁场仅由机械旋转励磁磁动势 $\dot{F}_f$ 单独激励，它掠过电枢绕组时，在电枢绕组中感应出空载电动势 $\dot{E}_0$(或称励磁电动势)，$\dot{E}_0$ 大小由励磁电流 I_f 决定。

空载时主极磁通分成主磁通 Φ_f 和漏磁通 $\Phi_{f\sigma}$。主磁通 Φ_f 通过气隙并与定子绕组相交链。漏磁通 $\Phi_{f\sigma}$ 不通过气隙，仅与励磁绕组相交链。

(2) 负载运行。

对称负载运行时，电枢绕组中通过对称负载电流，并产生电枢磁动势 $\dot{F}_a$，$\dot{F}_a$ 和 $\dot{F}_f$ 均以同步速旋转，在空间处于相对静止状态。负载运行时，同步发电机内的磁场是由励磁磁动势 $\dot{F}_f$ 和电枢磁动势 $\dot{F}_a$ 共同建立的主磁场，即气隙磁场。

负载运行时发电机内部电磁关系：$\left. \begin{array}{l} \dot{I}_f \rightarrow \dot{F}_f \rightarrow \dot{\Phi}_f \\ \dot{I}_a \rightarrow \dot{F}_a \rightarrow \dot{\Phi}_a \end{array} \right\}$ 主磁通(气隙磁通)

同步发电机中感应电动势的频率与转速之间的关系：$f = \dfrac{pn}{60}$。

5. 同步发电机的磁场和电枢反应

(1) 同步发电机的磁场。

① 机械旋转磁场。同步发电机的转子上装有直流电励磁磁极，正常运行时，转子以同步转速旋转，当励磁绕组通入直流电以后在气隙中会出现一个以同步转速旋转的直流励磁磁场，这就是机械旋转磁场。

② 电气旋转磁场。转子产生的机械旋转磁场以同步转速旋转，它切割定子绕组，在定子绕组中感应出三相对称电动势，接上负载后，便有三相电流流过定子绕组，形成一个旋转磁动势，这就是电枢磁动势，也是电气旋转磁动势。

(2) 同步发电机的电枢反应。

同步电机在空载时，定子电流为零，气隙中仅存在着转子磁动势 $\dot{F}_f$。负载以后，除转子磁动势外，定子三相电流产生电枢磁动势 $\dot{F}_a$。同步电机在负载时，随着电枢磁动势的产生，气隙中的磁动势从空载时的磁动势改变为负载时的合成磁动势 $\dot{F}_\delta$。因此，电枢磁动势 $\dot{F}_a$ 的存在，将使气隙中磁场 $\dot{F}_\delta$ 的大小及位置发生变化，这种现象称为电枢反应。

$\dot{I}_a$ 和 $\dot{E}_0$ 之间的相位差 ψ 称为内功率因数角，是同步电机一个重要的角度，它决定了电枢反应的性质。当 $\psi=0°$ 时，电枢反应是纯交轴电枢反应；当 $\psi=\pm90°$ 时，电枢反应是纯直轴电枢反应，分为直轴去磁电枢反应和直轴增磁电枢反应；当 ψ 在 $0°\sim\pm90°$ 时，除交轴电枢反应外，还有直轴电枢反应。对凸极同步发电机而言，只有在 ψ 角确定以后，才能画出相量图,并进行有关计算。

$$电枢反应的性能\begin{cases}交轴电枢反应 \quad 交磁 \\ 直轴电枢反应\begin{cases}去磁 \\ 助磁\end{cases}\end{cases}$$

6. 同步发电机的基本电磁关系

（1）基本方程。

研究同步电机时,通常假定磁路为线性(即不计磁路饱和),可以应用叠加原理,认为电枢磁动势和励磁磁动势各自产生相应的磁通,并在电枢绕组中分别产生感应电动势,然后把它们的效果叠加起来。对于隐极电机,电枢反应电动势为 $\dot{E}_a = -\mathrm{j}\dot{I}_a x_a$, x_a 称为电枢反应电抗,$x_t = x_a + x_\sigma$ 称为隐极电机同步电抗。对于凸极电机,因直轴磁路和交轴磁路的磁阻不同,将电枢磁动势 $\dot{F}_a$ 分解为 $\dot{F}_{ad}$ 和 $\dot{F}_{aq}$,$\dot{F}_{ad} = \dot{F}_a \sin\psi$,$\dot{F}_{aq} = \dot{F}_a \cos\psi$,对应的电枢反应电动势分别为 $\dot{E}_{ad}$ 和 $\dot{E}_{aq}$。x_{ad} 和 x_{aq} 分别为直轴电枢反应电抗和交轴电枢反应电抗。$x_d = x_{ad} + x_\sigma$ 和 $x_q = x_{aq} + x_\sigma$ 则分别称为直轴同步电抗和交轴同步电抗。将电枢反应的效应化成一个电抗压降来处理,就可以导出同步电机的电动势平衡方程式。根据电动势方程式可以画出相量图,它是分析同步电机性能的有力工具。

隐极式同步电机电压方程:

$$\dot{E}_0 = \dot{U} + \dot{I}R_a + \mathrm{j}\dot{I}x_t$$

凸极式同步电机电压方程:

$$\dot{E}_0 = \dot{U} + \dot{I}R_a + \mathrm{j}\dot{I}_d x_d + \mathrm{j}\dot{I}_q x_q$$

（2）隐极式同步发电机相量图(忽略 R_a,图 8.1)。

$$\psi = \arctan\frac{U\sin\varphi + Ix_t}{U\cos\varphi}$$

$$E_0 = \sqrt{(U\cos\varphi)^2 + (U\sin\varphi + I_a x_t)^2}$$

（3）凸极式同步发电机相量图(忽略 R_a,图 8.2)。

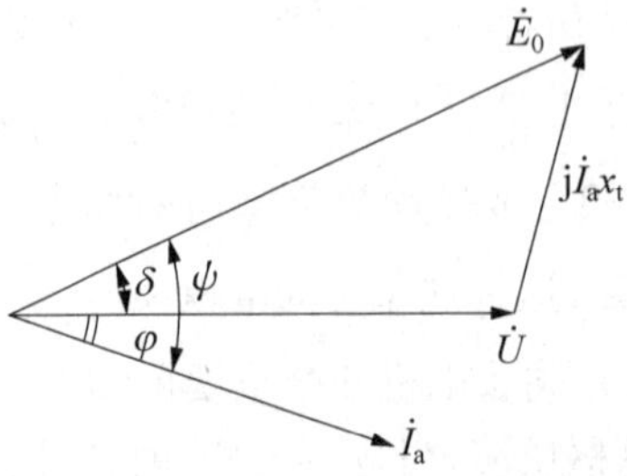

图 8.1　隐极式同步发电机相量图 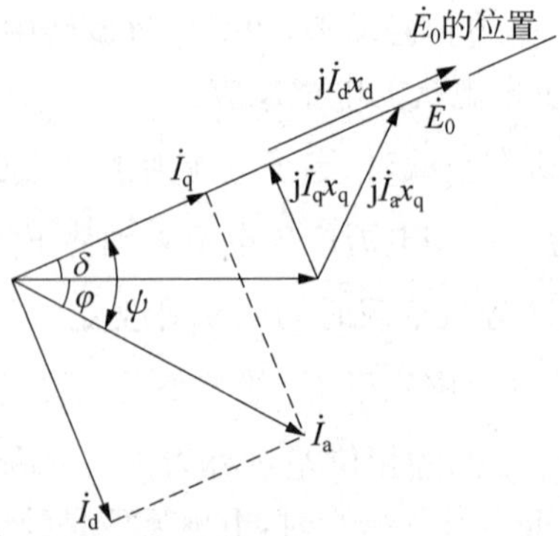　　图 8.2　凸极式同步发电机相量图

$$\psi = \arctan \frac{U\sin\varphi + I_a x_q}{U\cos\varphi}$$

$$E_0 = U\cos\delta + I_d x_d$$

（4）同步发电机功率方程（图8.3）。

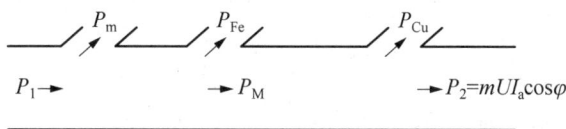

图 8.3　同步发电机功率变化图

输入功率：$P_1 = T\Omega$。

空载损耗：$p_0 = p_{Fe} + p_m + p_{ad}$。

电磁功率：$P_M = P_1 - p_0 = 3E_0 I_a \cos\varphi$。

铜耗：$p_{Cu} = 3R_1 I_a^2$。

输出功率：$P_2 = P_M - p_{Cu} = 3U I_a \cos\varphi$。

总损耗：$\sum p = p_{Fe} + p_{Cu} + p_m + p_{ad}$。

功率平衡方程式：$P_1 - P_2 = \sum p$。

7. 同步发电机的性能

（1）空载特性：当同步发电机运行于 $n = n_1$，$I = 0$ 时，空载电压与励磁电流的关系曲线 $U_0 = E_0 = f(I_f)$，称为空载特性。

（2）短路特性：当同步发电机运行于 $n = n_1$，电枢三相绕组持续稳态短路（$U = 0$）时，短路电流与励磁电流的关系 $I_k = f(I_f)$，称为短路特性。

将 $U = 0$，$I = I_k$ 代入同步发电机的电路方程，忽略电枢电阻 R_a，则有

$$\dot E_0 = \dot U + \dot I_k R_a + j\dot I_k x_t \approx j\dot I_k x_t$$

可见，$\psi = 90°$，I_k 滞后 $E_0 90°$（I_a 仅有直轴分量）。

空载特性与短路特性如图 8.4 所示。

通过空载试验和短路试验可以求得同步电抗的值，同步电抗的计算公式：

$$x_t（或 x_d \text{ 不饱和值}）= \frac{E_{01}}{I_{k1}}$$

$$x_t（或 x_d \text{ 饱和值}）= \frac{U_N}{I_k}, \quad x_q \approx 0.65 x_d$$

（3）零功率因数特性：在 $\cos\varphi = 0$，$I = I_N$，$n = n_1$ 时，端电压与励磁电流的关系曲线 $U = f(I_f)$，称为零功率因数特性。

（4）外特性：$n = n_1$，I_f 为常数，$\cos\varphi$ 为常数时，端电压

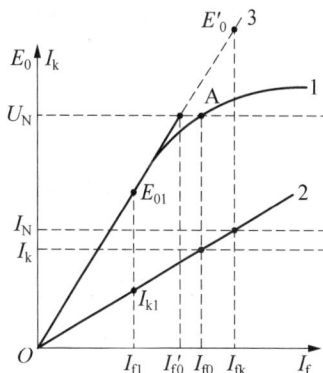

图 8.4　空载特性与短路特性图

与负载电流的关系曲线 $U = f(I)$。外特性曲线如图 8.5 所示。

(5) 电压调整率：发电机的端电压随负载的变化而变化，电压变化的大小可通过电压调整率 ΔU 来衡量。

$$\Delta U\% = \frac{E_0 - U_N}{U_N} \times 100\%$$

8. 同步发电机的并网运行

(1) 同步发电机并网条件。

并网运行是同步发电机最主要的运行方式，发电机并网时必须满足相序一致、电压相等、频率相等或十分接近的条件，并掌握合适的合闸瞬间。发电机一旦并联于无穷大电网运行，其电压和频率将成为固定不变的量，这是并网运行与单机运行的区别所在。

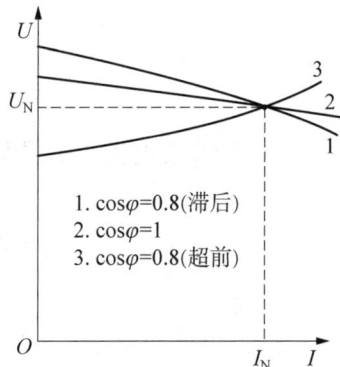

图 8.5　外特性曲线图

(2) 同步发电机并网运行时的功角特性。

功角 δ 被定义为 $\dot{E}_0$ 和 $\dot{U}$ 之间的时间相角差，它在电机的气隙圆周空间上表现为转子磁场轴线与合成磁场轴线之间的夹角。$P_M = f(\delta)$ 称为功角特性，可以通过调节原动机的输入功率来达到调节发电机有功功率目的，当 $0 < \delta < \delta_m$ 时，同步发电机能够稳定运行，而当 $\delta > \delta_m$ 时，同步发电机将失去同步。

$$P_M = \frac{mE_0 U}{x_d} \sin\delta + \frac{mU^2}{2}\left(\frac{1}{x_q} - \frac{1}{x_d}\right) \sin 2\delta$$

隐极电机　$x_d = x_q = x_t$，$P_M = \frac{mEU}{x_s} \sin\delta$

(3) 功角的意义。

在发电状态运行时 $\dot{E}_0$ 永远超前于 $\dot{U}$，也就是说，转子磁极轴线永远超前合成磁场轴线一个 δ 角度，转子磁极拖着合成磁场同步旋转。这就是功角的物理意义。

(4) 静态稳定性。

同步发电机的静态稳定判据为 $\frac{dP_M}{d\delta} > 0$。$90° < \delta \leqslant 180°$ 的范围是发电机的不稳定运行区域。

在实际应用中，为确保发电机稳定运行，以提高供电可靠性，应使电机的额定运行点距其稳定极限有一定的距离。为此，定义过载倍数为 $k_M = \frac{P_{Mmax}}{P_N} = \frac{1}{\sin\delta_N}$。

一般要求电机 $k_M > 1.7$，对应的 $\delta_N \approx 35°$。在设计中一般取 $25° < \delta_N < 35°$。

9. 同步电机的三种运行状态

同步电机有三种运行状态：发电机、电动机和补偿机。发电机把机械能转换为电能，电动机把电能转换为机械能，补偿机中没有有功功率的转换，专门发出或吸收无功功率、调节电网的功率因数。同步电机运行于哪一种状态，主要取决于定子合成磁场与转子主磁场之间的夹角 δ，即功率角。

若转子主磁场超前于定子合成磁场,$\delta > 0$,此时转子上将受到一个与其旋转方向相反的制动性质的电磁转矩,为使转子能以同步转速持续旋转,转子必须从原动机输入驱动转矩。此时转子输入机械功率,定子绕组向电网或负载输出电功率,电机作为发电机运行。

若转子主磁场与定子合成磁场的轴线重合,$\delta = 0$,则电磁转矩为零,此时电机内没有有功功率的转换,电机处于补偿机状态或空载状态。

若转子主磁场滞后于定子合成磁场,$\delta < 0$,则转子上将受到一个与其转向相同的驱动性质的电磁转矩,此时定子从电网吸收电功率,转子可拖动负载而输出机械功率,电机作为电动机运行。

8.2　习题解析

1. 填空题

(1) 同步发电机的结构分为定子和转子,同步发电机的励磁磁场是由_____提供的。

(2) 一台同步发电机的磁极对数是 24,频率是 50 Hz,这台发电机的同步转速是_____r/min。

(3) 当同步发电机空载时,定子绕组中的电枢电流 $I_a =$_____。

(4) 一台同步发电机,转速 $n = 250$ r/min,频率 50 Hz,这台同步发电机的极数是_____。

(5) 同步发电机分为隐极发电机和凸极发电机,汽轮发电机属于_____发电机。

(6) 三相同步发电机带有纯电感负载时,如不计电枢电阻的作用,则电枢反应作用是_____。

(7) 同步发电机气隙增大,其同步电抗将_____。

(8) 同步发电机内功率因数角 $\psi = 0$ 时的电枢反应为_____。

(9) 同步电机的功角 δ 有双重含义,是_____和_____之间的夹角,也是_____和_____的空间夹角。

(10) 同步发电机按转子结构分,有_____和_____。

2. 选择题

(1) 同步发电机稳态运行时,若所带负载为感性负载,$\cos\varphi = 0.8$,则其电枢反应的性质为(　　)。

A. 交轴电枢反应　　　　　　　　　　B. 直轴去磁电枢反应

C. 直轴去磁与交轴电枢反应　　　　　D. 直轴增磁与交轴电枢反应

(2) 同步发电机的额定功率是指(　　)。

A. 转轴上输入的机械功率　　　　　　B. 转轴上输出的机械功率

C. 电枢端口输入的电功率　　　　　　D. 电枢端口输出的电功率

(3) 电枢磁场对磁极磁场的影响叫作电枢反应。当电枢反应处于 I_a 比 E_0 滞后 90°时,磁场(　　)。

A. 不变　　　　　B. 增加　　　　　C. 减小　　　　　D. 无法判断

(4) 同步发电机电枢反应性质取决于(　　)。

A. 负载性质   B. 发电机本身参数

C. 负载性质和发电机本身参数   D. 负载大小

(5) 同步电机的空气隙要比和它容量相当的异步电机的空气隙(　　)。

A. 大一些   B. 小一些   C. 一样大   D. 无气隙

(6) 已知一台凸极同步发电机的 $I_d = I_q = 10\,A$,此时发电机的电枢电流 $I_a =$(　　)。

A. 10 A   B. 20 A   C. 14.14 A   D. 15 A

(7) 一台同步发电机的电枢感应电动势频率为 50 Hz,磁极数 10,同步转速是(　　)。

A. 1 000 r/min   B. 600 r/min   C. 300 r/min   D. 500 r/min

(8) 汽轮发电机只有一对磁极,转速为 3 000 r/min,所以汽轮原动机是(　　)原动机。

A. 低速   B. 高速   C. 中速   D. 变速

(9) 同步发电机等效电路中的同步电抗是一个(　　)参数。

A. 感性   B. 容性   C. 阻性   D. 阻感性

(10) 同步发电机中参与机电能量转换的磁通是(　　)。

A. 主磁通   B. 定子漏磁通   C. 转子漏磁通   D. 所有磁通

(11) 同步发电机带(　　)负载时,端电压有可能不变。

A. 阻性   B. 感性   C. 容性   D. 任意

(12) 同步发电机主磁路中,(　　)的磁导率等于真空磁导率 μ_0。

A. 定子铁心   B. 转子铁心   C. 气隙   D. 整个主磁路

(13) 同步发电机空载电动势 $\dot{E}_0$ 由(　　)决定。

A. 定子电枢磁场   B. 转子主磁极磁场

C. 定子气隙合成磁场   D. 任意磁场

(14) 同步发电机等效电路中的同步电抗 x_t 是(　　)的参数。

A. 励磁绕组   B. 电枢绕组   C. 定子铁心   D. 转子铁心

(15) 同步发电机的转子磁极轴线定义为直轴,与之垂直的轴线定义为交轴,用字母(　　)表示。

A. a   B. b   C. d   D. q

(16) 同步发电机在与电网并联时,必须满足一些条件,下面哪一项不是并联运行要求满足的条件?(　　)

A. 相充相同   B. 电压相等   C. 频率相等   D. 励磁方式相同

(17) 现代发电厂的主体设备是(　　)。

A. 直流发电机   B. 同步电动机   C. 异步发电机   D. 同步发电机

(18) 同步补偿机实际上是一台(　　)。

A. 空载运行的同步电动机   B. 过载运行的同步电动机

C. 空载运行的同步发电机   D. 负载运行的同步发电机

(19) 同步电机的转子磁极上装有励磁绕组,由(　　)励磁。

A. 正弦交流电   B. 三相对称交流电   C. 直流电   D. 脉冲电流

(20) 当同步发电机的电枢电流 $\dot{I}_a$ 与空载电动势 $\dot{E}_0$ 同相位时,其电枢反应性质是(　　)。

A. 直轴去磁　　　　B. 直轴助磁　　　　C. 纯交轴　　　　D. 直轴去磁兼交轴

(21) 隐极同步发电机静态稳定运行的极限对应的功率角 δ 为(　　)。

A. $0°$　　　　　　B. $90°$　　　　　　C. $180°$　　　　　D. $75°$

(22) 若同步发电机的电压调整率 $\Delta U > 0$,说明同步发电机的端电压(　　)。

A. 随负载的增大而增大　　　　　　　B. 随负载的增大而减小

C. 不随负载的变化而变化　　　　　　D. 和负载没有关系

(23) 凸极同步发电机的直轴同步电抗 x_d 和交轴同步电抗 x_q 的大小相比较(　　)。

A. $x_d = x_q$　　　　B. $x_d > x_q$　　　　C. $x_d < x_q$　　　　D. $x_d = 0.5 x_q$

(24) 一台 $50\,Hz$ 的三相电机通以 $60\,Hz$ 的三相对称电流,并保持电流有效值不变,此时三相基波合成旋转磁动势的转速(　　)。

A. 变大　　　　　　B. 变小　　　　　　C. 不变　　　　　　D. 不确定

(25) 调相机运行在过励状态时,其功率因数是(　　)。

A. 超前的　　　　　B. 滞后的　　　　　C. $=1$　　　　　　D. 可超前可滞后的

(26) 对称负载运行时,凸极同步发电机阻抗大小顺序排列为(　　)。

A. $x_d > x_{ad} > x_q > x_{aq} > x_\sigma$　　　　　　B. $x_q > x_{aq} > x_d > x_{ad} > x_\sigma$

C. $x_\sigma > x_d > x_{ad} > x_q > x_{aq}$　　　　　　D. $x_{ad} > x_d > x_{aq} > x_q > x_\sigma$

(27) 同步补偿机的作用是(　　)。

A. 补偿电网电力不足　　　　　　　　B. 改善电网功率因数

C. 作为用户的备用电源　　　　　　　D. 作为同步发电机的励磁电源

(28) 同步发电机短路特性是一条直线的原因是(　　)。

A. 励磁电流较小,磁路不饱和

B. 电枢反应去磁作用使磁路不饱和

C. 短路时电机相当于一个电阻为常数的电路运行,所以 I_k 和 I_f 成正比

D. 短路时短路电流大,使磁路饱和程度提高

(29) 同步发电机稳态运行时,若所带负载为感性 $\cos\varphi = 0.8$,则其电枢反应的性质为(　　)。

A. 交轴电枢反应　　　　　　　　　　B. 直轴去磁电枢反应

C. 直轴去磁与交轴电枢反应　　　　　D. 直轴增磁与交轴电枢反应

(30) 凸极同步电机转子励磁匝数增加使(　　)。

A. x_d 和 x_q 都增加　　　　　　　　B. x_d 和 x_q 都减小

C. x_d 增加 x_q 减小　　　　　　　　D. x_d 减小 x_q 增加

3. 判断题

(1) 三相同步发电机输出三相交流电的相序是由转子磁极方向决定的。　　　　(　　)

(2) 同步发电机感应电动势频率与转子转速成正比,所以转速高的汽轮发电机比转速低的水轮发电机频率高。　　　　(　　)

(3) 同步发电机中由于有旋转的定子和转子磁场,因此在稳定运行过程中,定子、转子绕组都会感应交流电动势。　　　　(　　)

(4) 同步发电机的电枢磁场和转子主磁极磁场都是电气旋转磁场。　　　　(　　)

(5) 同步发电机单机运行时,减小励磁电流,同步发电机的端电压会降低。　　　　(　　)

(6) 由于同步发电机的转子不切割定子旋转磁场,因此转子铁心不必用硅钢片叠成。

（　　）

4. 简答题

(1) 异步电动机与同步电动机在电磁转矩的形成上有什么相同之处? 在凸极同步电机中为什么要把电枢反应磁动势分成直轴和交轴两个分量?

(2) 什么叫同步电机? 一台 $n = 250\text{ r/min}$, $f = 50\text{ Hz}$ 的同步电机,其极数是多少?

(3) 汽轮发电机和水轮发电机的主要结构特点是什么?

(4) 同步电机在对称负载下运行时,气隙磁场是由哪些磁动势建立的? 它们各有什么特点?

(5) 同步发电机的内功率因数角 ψ 是由什么因数决定的?

(6) 什么是同步电机的电枢反应? 电枢反应的性质决定于什么?

(7) 为什么说同步电抗是与三相有关的电抗,而它的数值又是每相值?

(8) 隐极电机和凸极电机的同步电抗有何异同?

(9) 阐述直轴同步电抗和交轴同步电抗的意义。为什么同步电抗的数值一般比较大,不可能做得很小? 请分析下面几种情况对同步电抗的影响:①电枢绕组匝数增加;②铁心饱和程度提高;③气隙加大。

(10) 测定发电机短路特性时,如果电机转速由额定值降为原来的一半,对测量结果有何影响?

(11) 为什么同步电机稳态对称短路电流值不太大,而变压器的稳态对称短路电流值却很大?

(12) 同步电动机欠励运行时,从电网吸收什么性质的无功功率? 过励时,从电网吸收什么性质的无功功率?

(13) 三相同步发电机投入并联时应满足哪些条件? 怎样检查发电机是否已经满足并网条件? 如不满足某一条件,并网时会发生什么现象?

(14) 功角在时间上及空间上各表示什么含义? 功角改变时,有功功率如何变化? 无功功率会不会变化? 为什么?

(15) 并网运行时,同步发电机的功率因数由什么因素决定?

(16) 一台同步发电机,带感性负载运行,分析此时的电枢反应。在转子转速、励磁电流、功率因数不变的情况下,当负载电流增加时,发电机的端电压如何变化?

(17) 怎样使得同步电机从发电机运行方式过渡到电动机运行方式? 其功角、电流、电磁转矩如何变化?

(18) 同步发电机发生突然短路时,短路电流中为什么会出现非周期分量? 什么情况下非周期性分量最大?

(19) 比较同步发电机各种电抗的大小: x_d, x_d', x_d'', x_q, x_q', x_q''。

(20) 为什么负序电抗比正序电抗小,而零序电抗又比负序电抗小?

(21) 用电枢反应原理解释同步发电机的外特性。

4. 计算题

(1) 有一台三相同步发电机, $P_N = 2500\text{ kW}$, $U_N = 10.5\text{ kV}$, Y 接法, $\cos\varphi_N = 0.8$(滞后),作单机运行,已知同步电抗 $x_t = 7.52\ \Omega$,电枢电阻不计。每相的励磁电势 $E_0 = 7520\text{ V}$。

求下列几种负载下的电枢电流,并说明电枢反应的性质:①相值为 $7.52\,\Omega$ 的三相平衡纯电阻负载;②相值为 $7.52\,\Omega$ 的三相平衡纯电感负载;③相值为 $15.04\,\Omega$ 的三相平衡纯电容负载;④相值为 $7.52 - j7.52\,\Omega$ 的三相平衡电阻电容负载。

(2) 有一台三相凸极同步发电机,电枢绕组 Y 接法,每相额定电压 $U_N = 230\,V$,额定相电流 $I_N = 9.06\,A$,额定功率因数 $\cos\varphi_N = 0.8$(滞后),已知该机运行于额定状态,每相励磁电势行 $E_0 = 410\,V$,内功率因数角 $\psi = 60°$,不计电阻压降。试问 I_d、I_q、x_d、x_q 各为多少?

(3) 有一台三相隐极同步发电机,电枢绕组 Y 接法,额定电压 $U_N = 6300\,V$,额定电流 $I_N = 572\,A$,额定功率因数 $\cos\varphi_N = 0.8$(滞后)。该机在同步速度下运转,励磁绕组开路,电枢绕组端点外施三相对称线电压 $U = 2300\,V$,测得定子电流为 $572\,A$,如果不计电阻压降,求此电机在额定运行下的励磁电势 E_0。

(4) 有一台三相隐极同步发电机,电枢绕组 Y 接法,额定功率 $P_N = 25000\,kW$,额定电压 $U_N = 10500\,V$,额定转速 $n_N = 3000\,r/min$,额定电流 $I_N = 1720\,A$,同步电抗 $x_t = 2.3\,\Omega$,不计电阻。求:① $I_a = I_N$,$\cos\varphi = 0.8$(滞后)时的 E_0;② $I_a = I_N$,$\cos\varphi = 0.8$(超前)时的 E_0。

(5) 一台凸极三相同步发电机,$U = 400\,V$,每相空载电势 $E_0 = 370\,V$,定子绕组 Y 接法,每相直轴同步电抗 $x_d = 3.5\,\Omega$,交轴同步电抗 $x_q = 2.4\,\Omega$。该电机并网运行,试问:①额定功角 $\delta_N = 24°$ 时,该发电机向电网输入的有功功率是多少? ②该发电机能向电网输送的最大电磁功率是多少? ③该发电机过载能力为多大?

(6) 一台三相隐极同步发电机并网运行,电网电压 $U = 400\,V$,发电机每相同步电抗 $x_t = 3.5\,\Omega$,定子绕组 Y 接法,当发电机输出有功功率为 $80\,kW$ 时,$\cos\varphi = 1$,若保持励磁电流不变,减少有功功率至 $20\,kW$,不计电阻压降,求此时:①功角 δ;②功率因数 $\cos\varphi$;③电枢电流;④输出的无功功率,超前还是滞后?

(7) 有一台三相隐极同步发电机并网运行,额定数据为:$S_N = 7500\,kVA$,$U_N = 3150\,V$,定子绕组 Y 接法,$\cos\varphi = 0.8$(滞后),同步电抗 $x_t = 1.6\,\Omega$,电阻压降不计,试求:①额定运行状态时,发电机的电磁功率 P_M 和功角 δ_N;②在不调节励磁的情况下,将发电机的输出功率减到额定值的一半时的功角 δ、功率因数 $\cos\varphi$。

(8) 有一台三相凸极同步发电机并网运行,额定数据为:$S_N = 8750\,kVA$,$U_N = 11\,kV$,定子绕组 Y 接法,$\cos\varphi = 0.8$(滞后),每相直轴同步电抗 $x_d = 18.2\,\Omega$,交轴同步电抗 $x_q = 9.6\,\Omega$,电阻不计,试求:①额定运行状态时,发电机的功角 δ_N 和每相励磁电势 E_0;②最大电磁功率 P_{Mmax}。

(9) 某企业电源电压为 $6000\,V$,内部使用了多台异步电动机,其总输出功率为 $1500\,kW$,平均效率为 70%,功率因数为 0.8(滞后),企业新增一台 $400\,kW$ 设备,计划采用运行于过励状态的同步电动机拖动,补偿企业的功率因数到 1(不计同步电动机本身损耗)。试问:①同步电动机的容量为多大? ②同步电动机的功率因数为多少?

(10) 某厂变电所的容量为 $2000\,kVA$,变电所本身的负荷为 $1200\,kW$,功率因数 $\cos\varphi = 0.65$(滞后)。今该厂欲添一同步电动机,额定数据为:$P_N = 500\,kW$,$\cos\varphi = 0.65$(超前),效率 $\eta_N = 0.95\%$。问当同步电动机额定运行时,全厂功率因数是多少? 变电所是否过载?

(11) 一台水轮发电机,$P_N = 75000\,kW$,$U_N = 18\,kV$,Y 接,$\cos\varphi_N = 0.8$(滞后)。$R_a^* =$

0，$x_\mathrm{d}^* =1$，$x_\mathrm{q}^* =0.554$，当发电机额定运行时，计算励磁电动势 E_0、功角 δ、内功因数角 ψ。

(12) 某三相同步水轮发电机，已知 $U_{1\mathrm{L}}=11\,\mathrm{kV}$，Y 接法，$I_{1\mathrm{L}}=460\,\mathrm{A}$，$\cos\varphi_\mathrm{N}=0.8$(感性)，$x_\mathrm{d}=16\,\Omega$，$x_\mathrm{q}=8\,\Omega$，$R_1$ 忽略不计。求 ψ、δ、E_0。

(13) 某三相同步发电机，$P_\mathrm{N}=50\,\mathrm{kW}$，$U_\mathrm{N}=400\,\mathrm{V}$，Y 接法，$\cos\varphi_\mathrm{N}=0.8$(电感性)，$x_\mathrm{t}=1.2\,\Omega$。求当 E_0 等于额定电压、电枢电流等于额定电流、内功率因数角 $\psi=53.1°$ 时的相电压 U、线电压 U_L、功率因数角 φ 和功角 δ。

(14) 一台三相水轮发电机，$P_\mathrm{N}=1500\,\mathrm{kW}$，$U_\mathrm{N}=6300\,\mathrm{V}$，Y 接法，$\cos\varphi_\mathrm{N}=0.8$(滞后)，已知它的参数 $x_\mathrm{d}=21.3\,\Omega$，$x_\mathrm{q}=13.7\,\Omega$，忽略电枢电阻，试求：①$x_\mathrm{d}$ 和 x_q 的标幺值；②额定负载时的电动势 E_0。

参考答案

1. 填空题

(1) 转子 (2) 125 (3) 0 (4) 12 (5) 隐极 (6) 直轴去磁 (7) 减小 (8) 交轴电枢反应 (9) 电动势；电压；励磁磁动势；气隙磁动势 (10) 凸极式；隐极式

2. 选择题

(1) C (2) D (3) C (4) C (5) A (6) C (7) B (8) B (9) A (10) A (11) C (12) C (13) B (14) B (15) D (16) D (17) D (18) A (19) C (20) C (21) B (22) B (23) B (24) A (25) A (26) D (27) B (28) B (29) C (30) B

3. 判断题

(1) √ (2) × (3) × (4) × (5) √ (6) √

4. 简答题

(1) **答** 相同之处在于，两者的电磁转矩都是定、转子磁场相互作用的结果，且稳态运行时定子旋转磁场与转子旋转磁场在空间保持相对静止或同步(图 8.6)。

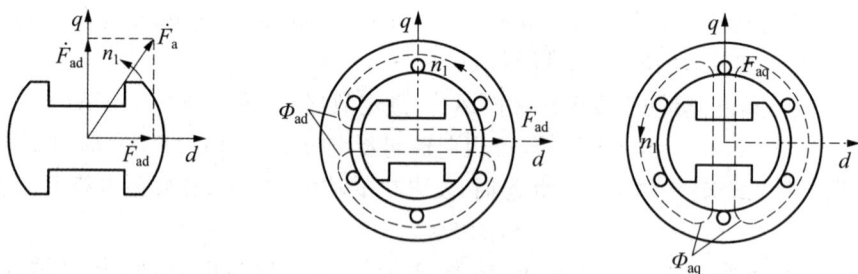

图 8.6 同步电机磁场示意图

在凸极同步电机中，定、转子间的气隙不均匀，但气隙磁阻分别沿直轴方向和交轴方向对称。对于电枢反应磁动势 $\dot{F}_\mathrm{a}$ 在电机主磁路中产生的磁通，可视为直轴电枢磁动势 $\dot{F}_\mathrm{ad}$ 与交轴电枢磁动势 $\dot{F}_\mathrm{aq}$ 在电机主磁路中分别产生磁通的叠加。因为 $\dot{F}_\mathrm{ad}$ 总是在直轴方向，$\dot{F}_\mathrm{aq}$ 总是在交轴方向，尽管气隙不均匀，但对直轴或交轴来说，都分别为对称磁路，这就给分析带来了方便。所以，在凸极同步电动机中要把电枢反应磁动势分成直轴和交轴两个分量。

(2) **答** ① 转子的转速恒等于定子旋转磁场的转速的电机称为同步电机，其感应电动势的频率与转速之间的关系是 $f = \dfrac{pn}{60}$，当电机的磁极对数 p 一定时，$f \infty n$，即频率 f 与转速 n 之间保持严格不变的关系。

② 一台 $n = 250 \, \text{r/min}$，$f = 50 \, \text{Hz}$ 的同步电机，其极数是 24。

（3）**答**　汽轮发电机转速高、极数少，其转子一般采用隐极式结构，气隙均匀分布，机身比较细长；水轮发电机转速低、极数多，其转子一般采用凸极式结构，气隙不均匀，直径大，长度短。

（4）**答**　① 同步电机在对称负载下运行时，除转子磁势外，定子三相电流也产生电枢磁势。电枢磁势的存在，会使气隙中磁场的大小及位置发生变化，这种现象称为电枢反应。此时，气隙中的磁场是由转子磁场和电枢反应磁场共同产生的。

② 它们的特点如表 8.1 所示，电枢反应磁动势是交流励磁，励磁磁动势是直流励磁。

表 8.1　电枢反应磁动势和励磁磁动势的对比

磁动势	基波波形	大小	位置	转速
励磁磁动势	正弦波	恒定不变，由励磁电流大小决定	由转子位置决定	由原动机的转速决定（根据 p，f）
电枢反应磁动势	正弦波	恒定不变，由电枢电流大小决定	由电枢电流的瞬时值决定	由电流的频率和磁极对数决定

（5）**答**　同步发电机的内功率因数角 ψ 既与负载阻抗的性质和大小有关，又与发电机本身的参数有关。

① 当负载阻抗为 $Z_L = R_L$ 或 $Z_L = R_L + j x_L$ 时，总阻抗 $Z = R_L + j x_t$ 或 $Z = R_L + j(x_t + x_L)$，则 $0° < \psi < 90°$；

② 当负载阻抗为 $Z_L = j x_L$ 时，总阻抗 $Z = j(x_t + x_L)$，则 $\psi = 90°$；

③ 当负载阻抗为 $Z_L = -j x_L$ 且 $x_L > x_t$ 时，总阻抗 $Z = -j(x_L - x_t)$，则 $\psi = -90°$；

④ 当负载阻抗为 $Z_L = R_L - j x_L$ 且 $x_L > x_t$ 时，总阻抗 $Z = R_L - j(x_L - x_t)$，则 $-90° < \psi < 0°$。

（6）**答**　同步电机在空载时，定子电流为零，气隙中仅存在着转子磁势。同步电机在负载时，随着电枢磁势的产生，使气隙中的磁势从空载时的磁势改变为负载时的合成磁势。因此，电枢磁势的存在，将使气隙中磁场的大小及位置发生变化，这种现象称为电枢反应。同步发电机的电枢反应的性质主要决定于空载电势 $\dot{E}_0$ 和负载电流 $\dot{I}_a$ 之间的夹角 ψ，亦即决定于负载的性质。当 $\dot{I}_a$ 和 $\dot{E}_0$ 同相位，即 $\psi = 0°$ 时，为交轴电枢反应；当 $\dot{I}_a$ 滞后 $\dot{E}_0$ 90° 电角度，即 $\psi = 90°$ 时，为直轴去磁电枢磁势；当 $\dot{I}_a$ 超前 $\dot{E}_0$ 90° 电角度，即 $\psi = -90°$ 时，为直轴增磁电枢磁势；当 $\psi =$ 任意角度，即一般情况下时，若 $0° < \psi < 90°$，产生直轴去磁电枢磁势和交轴电枢磁势，若 $-90° < \psi < 0°$，产生直轴增磁电枢磁势和交轴电枢磁势。

（7）**答**　同步电抗由电枢反应电抗和漏电抗两部分组成，分别对应于定子电流产生的电枢反应磁通和定子漏磁通。电枢反应电抗综合反映了三相对称电枢电流所产生的电枢反应磁场对于每相的影响，它等于电枢反应磁场在每相中感应的电动势与相电流的比值。所以说同步电抗是与三相有关的电抗,而它的数值又是每相值。

(8) **答** 对于隐极电机而言,气隙均匀,电枢反应磁通 Φ_a 不论作用在什么位置所遇到的磁阻都相同,其在定子绕组感应电动势所对应的电抗 x_a,与定子漏磁通 Φ_σ 感应电动势所对应的电抗 x_σ 之和,即 $x_t = x_a + x_\sigma$,称为隐极同步电机的同步电抗。

对于凸极电机而言,直轴及交轴上气隙是不相等的,所以将电枢反应磁势分解为直轴和交轴分量,其相应的电抗分别为直轴和交轴电枢反应电抗,和定子漏抗相加,便可以得到直轴同步电抗 x_d 和交轴同步电抗 x_q,即

$$\begin{cases} X_d = X_{ad} + X_\sigma \\ X_q = X_{aq} + X_\sigma \end{cases}$$

在直轴磁路上,由于气隙小,磁阻小,因此 x_{ad} 较大;在交轴磁路上,由于气隙很大,磁阻大,因此 x_{aq} 较小。故有 $x_{ad} > x_{aq}$,$x_d > x_q$。

由于磁路饱和的影响,x_a、x_t、x_{ad}、x_{aq}、x_d 和 x_q 的大小是随着磁路饱和程度改变而改变的。

(9) **答** 直轴同步电抗和交轴同步电抗表征了当对称三相直轴或交轴每相电流为 1 A 时,三相联合产生的总磁场(包括在气隙中的旋转电枢反应磁场和漏磁场)在电枢绕组中每相感应的电动势气隙大,同步电抗大,短路比大,运行稳定性高,但气隙大或同步电抗小,转子铜量大,成本增加,所以同步电抗不能太小。

① 电枢绕组匝数增加,产生的直轴交轴电枢反应磁通增大,所以直轴同步电抗和交轴同步电抗增加。

② 铁心饱和程度提高,磁导率下降,磁阻增大,所以直轴同步电抗和交轴同步电抗减小。

③ 气隙加大,磁阻增大,所以直轴同步电抗和交轴同步电抗减小。

(10) **答** 由于 E_0 和 x_d 都与转速成正比的关系,而电枢电阻与转速无关,在电机转速为额定值测量时,IR_a 很小,可以忽略不计。如果电机转速由额定值降为原来的一半,则 IR_a 在电动势方程式中所占的比例将会增大,不能忽略不计,否则会使测量结果产生较大误差。

(11) **答** 同步电机稳态对称短路电流是由同步电抗 x_d 或 x_t 限制的。同步电抗由电枢反应电抗和漏电抗两部分组成,电枢反应电抗 x_{ad} 或 x_a 与异步电机的励磁电抗 X_m 相似,是对应主磁路磁化性能的参数,其值很大 ($x_d^* = 1$ 左右),因此同步电机稳态对称短路电流值不大。而变压器的稳态对称短路电流是由变压器的漏阻抗 Z_k 限制的,变压器漏电抗是对应漏磁路磁化性能的参数,其值很小 ($Z_k^* = 0.05$ 左右),因此变压器的稳态对称短路电流值很大。

(12) **答** 同步电动机欠励运行时,从电网吸收感性无功功率,同步电动机过励运行时,从电网吸收容性无功功率。

(13) **答** 并网运行的条件是:①待并网发电机的电压与电网电压大小相等;②待并网发电机的电压相位与电网电压相位相同;③待并网发电机的频率与电网频率相等;④待并网发电机电压相序与电网电压相序一致。

若不满足这些条件:检查发电机是否已经满足并网条件,电压的大小可以用电压表来测量,频率及相序则可以通过同步指示器来确定。最简单的同步指示器由三个同步指示灯组成,有灯光熄灭法和灯光旋转法。

条件①和条件②不满足,发电机在并网瞬间会产生巨大的瞬态冲击电流,使定子绕组端部受冲击力而变形;

条件③不满足,发电机在并网时会产生拍振电流,在转轴上产生时正时负的转矩,使电机振动,同时冲击电流会使电枢绕组端部受冲击力而变形;

条件④不满足的发电机绝对不允许并网,因为此时发电机电压和电网电压恒差 120°,它将产生巨大的冲击电流而危及发电机,不可能使发电机牵入同步。

(14)**答**　时间相位角:发电机空载电动势 $\dot{E}_0$ 与端电压 $\dot{U}$ 之间的相位角为功角 δ。

空间相位角:δ 可近似认为是主磁极轴线与气隙合成磁场轴线之间的夹角。

从功角特性可知,电网电压和频率不变,发电机励磁电流不变,在稳定运行范围内,当功角增大时,有功功率增加。

而对无功功率,$Q=mUI\sin\varphi$,从同步发电机相量图 8.7 可得

$$Q=\frac{mE_0U}{x_s}\cos\delta-\frac{mU^2}{x_s}$$

可知,当功角增大时,发电机向电网送出的无功功率减小。

图 8.7　同步电机相量图

也可从相量图看,如图 8.7 所示,$\delta_2>\delta_1$,$E_{01}=E_{02}$,$I_{a2}>I_{a1}$,但 $I_{r2}<I_{r1}$,因而向电网送出的无功功率减小。

(15)**答**　并网运行时,同步发电机的功率因数由同步发电机的励磁电流的大小或励磁状态决定。当励磁电流较小,同步发电机处于欠励磁状态时,同步发电机的功率因数小于 1,超前;当励磁电流较大,同步发电机处于过励磁状态时,同步发电机的功率因数小于 1,滞后;同步发电机处于正常励磁状态时,同步发电机的功率因数等于 1。

(16)**答**　带感性负载运行,此时的电枢反应为去磁和交磁。

在转子转速、励磁电流、功率因数不变的情况下,当负载电流增加时,发电机的端电压下降。

(17)**答**　当原动机向同步电机输入机械功率时为发电机运行,此时转子磁极轴线超前合成磁场轴线一个 δ 角度,如图 8.8(a),电磁转矩与转子转向相反,是一个制动转矩。如果逐渐减少原动机的输出机械功率,从功率平衡观点来看,发电机所产生的电磁功率也减少,功角 δ 逐渐变小。如果发电机所产生的电磁功率为零,则 $\delta=0$,如图 8.8(b),电磁转矩便为零。这是从同步发电机过渡到电动机运行的临界状态。

如果将原动机从同步电机上脱离,电机受本身轴承摩擦等阻力转矩和负载转矩的作用,转子开始减速,使得转子磁极轴线滞后于合成磁场轴线 δ 角度,如图 8.8(c)。此时电磁转矩的方向与转子转向一致,是一个拖动转矩,于是同步电机就成为电动机运行了。设发电机运行时其功角、电流、电磁转矩为正,则电动机运行时其功角、电流的有功分量、电磁转矩为负。

(18)**答**　如果忽略定子绕组的电阻,定子绕组为闭合的超导回路,当同步发电机突然短路时,若定子绕组磁链的初始值 ψ_0 不为零,而 ψ_0 又按正弦规则做周期性变化,那么回

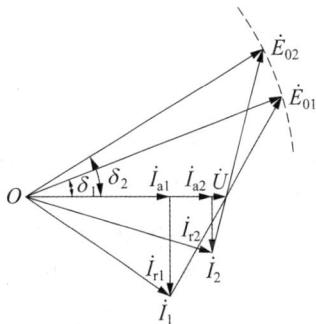

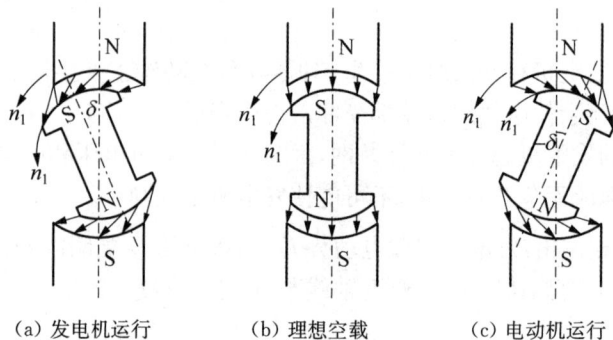

(a) 发电机运行　　　　(b) 理想空载　　　　(c) 电动机运行

图 8.8　同步电机的运行方式

路中的电流除了有一个正弦变化的电流分量来抵消外磁场变动的影响外,它还将产生一个直流分量来保持回路磁链初值不变。当短路瞬间定子某相绕组的磁通达到最大值时,该相绕组短路电流中的非周期性分量最大。

(19) **答**　同步发电机的各种电抗都是绕组磁通对电路作用的等效量,在绕组匝数一定、频率一定的情况下,电抗值的大小与相关磁路的磁阻成反比。

在瞬态短路参数中,分超瞬态和瞬态两种,它们都是对应于转子感应电流对定子电枢反应磁场的反作用而存在的等效电抗。超瞬态电抗决定于阻尼绕组和励磁绕组感应电流对电枢反应磁通的排挤作用,瞬态电抗决定于励磁绕组感应电流对电枢反应磁通的排挤作用。定、转子的这种耦合关系与变压器相似。超瞬态电抗相当于电枢反应电抗上并以阻尼绕组的漏抗和励磁绕组的漏抗构成,瞬态电抗相当于电枢反应电抗上并以励磁绕组的漏抗构成,即

$$x_d = x_\sigma + x_{ad}, \ x_q = x'_q = x_\sigma + x_{aq}, \ x'_d = x_\sigma + \cfrac{1}{\cfrac{1}{x_{ad}} + \cfrac{1}{x_{f\sigma}}}$$

无阻尼绕组时,

$$x''_d = x_\sigma + \cfrac{1}{\cfrac{1}{x_{ad}} + \cfrac{1}{x_{f\sigma}} + \cfrac{1}{x_{D\sigma}}}, \ x''_q = x_\sigma + \cfrac{1}{\cfrac{1}{x_{aq}} + \cfrac{1}{x_{Q\sigma}}}$$

有阻尼绕组时,若是隐极机,则

$$x''_d < x'_d < x_d$$

若为凸极机,则

$$x''_d < x''_q < x'_d < x'_q = x_q < x_d$$

(20) **答**　正序电抗:$x_+ = x_d$。

负序电抗:$x_- = \dfrac{x''_d + x''_q}{2}$。

而

$$x_{-\mathrm{d}} = x_{\sigma} + \cfrac{1}{\cfrac{1}{x_{\mathrm{ad}}} + \cfrac{1}{x_{\mathrm{F}\sigma}} + \cfrac{1}{x_{\mathrm{Z}\sigma}}} = x_{\mathrm{d}}''$$

$$x_{-\mathrm{q}} = x_{\sigma} + \cfrac{1}{\cfrac{1}{x_{\mathrm{aq}}} + \cfrac{1}{x_{\mathrm{Z}\sigma}}} = x_{\mathrm{q}}''$$

其值很小。

由于各相零序电流所建立的磁势在时间上同相位,在空间相隔120°电角度,在空气隙中三相合成基波磁势为零,零序电流通过三相绕组时,只产生漏磁通,因此零序电抗的大小大体上等于定子绕组的漏电抗,即 $x_0 \approx x_{\sigma}$。

所以,负序电抗比正序电抗小,而零序电抗又比负序电抗小。

(21) **答**　同步发电机的外特性是指同步发电机在转速为额定转速、功率因数为常数、励磁电流为额定值时测出的发电机端电压关于电枢电流的特性曲线。当功率因数小于1(滞后)时,特性曲线为略微下降趋势,这时因为电枢电流起到了去磁作用,使得磁通减小,进而使得感应电动势减小,从而使电压下降。当功率因数等于1时,特性曲线为略微下降趋势,因为电机本身有电感,电流仍滞后于电压,内功率因数角接近于90°,直轴电枢反应影响较小,电压下降不大。当功率因数小于1(超前)时,特性曲线为略微上翘趋势,这时因为电枢电流起到了增磁作用,使得磁通增大,进而使得感应电动势增大超过了内阻压降值,从而使电压上升。

4. 计算题

(1) **解**　① 相值为 $7.52\,\Omega$ 的三相平衡纯电阻负载:

$$\dot{I} = \frac{\dot{E}_0}{\mathrm{j}x_{\mathrm{t}} + Z_{\mathrm{L}}} = \frac{7\,520\angle 0^{\circ}}{\mathrm{j}7.52 + 7.52} \approx 707.1\,\mathrm{A}\angle -45^{\circ}$$

为交轴与直轴去磁电枢反应。

② 相值为 $7.52\,\Omega$ 的三相平衡纯电感负载:

$$\dot{I} = \frac{\dot{E}_0}{\mathrm{j}x_{\mathrm{t}} + Z_{\mathrm{L}}} = \frac{7\,520\angle 0^{\circ}}{\mathrm{j}7.52 + \mathrm{j}7.52} = 500\,\mathrm{A}\angle -90^{\circ}$$

为直轴去磁电枢反应。

③ 相值为 $15.04\,\Omega$ 的三相平衡纯电容负载:

$$\dot{I} = \frac{\dot{E}_0}{\mathrm{j}x_{\mathrm{t}} + Z_{\mathrm{L}}} = \frac{7\,520\angle 0^{\circ}}{\mathrm{j}7.52 - \mathrm{j}15.04} = 1\,000\,\mathrm{A}\angle 90^{\circ}$$

为直轴助磁电枢反应。

④ 相值为 $7.52 - \mathrm{j}7.52\,\Omega$ 的三相平衡电阻电容负载:

$$\dot{I} = \frac{\dot{E}_0}{\mathrm{j}x_{\mathrm{t}} + Z_{\mathrm{L}}} = \frac{7\,520\angle 0^{\circ}}{\mathrm{j}7.52 + 7.52 - \mathrm{j}7.52} = 1\,000\,\mathrm{A}\angle 0^{\circ}$$

为交轴电枢反应。

(2) **解** 电势相量图如图 8.9 所示。

$$\varphi = \arccos 0.8 \approx 36.87°$$

$$\sin\varphi = 0.6$$

$$\delta = \psi - \varphi = 60° - 36.87° = 23.13°$$

$$I_d = I_N \sin\psi = 9.06 \times \sin 60° \text{ A} \approx 7.85 \text{ A}$$

$$I_q = I_N \cos\psi = 9.06 \times \cos 60° \text{ A} = 4.53 \text{ A}$$

$$x_d = \frac{E_0 - U\cos\delta}{I_d} = \frac{410 - 230 \times \cos 23.13°}{7.85} \text{ } \Omega \approx 25.3 \text{ } \Omega$$

$$x_q = \frac{U\sin\delta}{I_q} = \frac{230 \times \sin 23.13}{4.53} \text{ } \Omega \approx 19.9 \text{ } \Omega$$

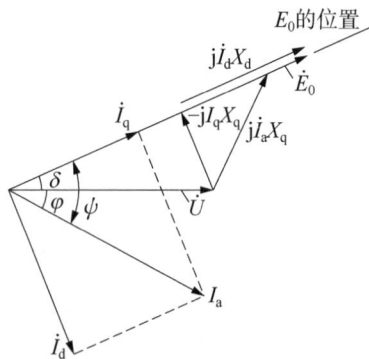

图 8.9 习题(2)图

(3) **解** 同步电抗

$$x_t = \frac{U}{\sqrt{3}\,I} = \frac{2\,300}{\sqrt{3} \times 572} \text{ } \Omega \approx 2.32 \text{ } \Omega$$

定子绕组每相电压

$$U_\varphi = \frac{U_N}{\sqrt{3}} = \frac{6\,300}{\sqrt{3}} \text{ V} \approx 3\,637.3 \text{ V}$$

$$E_0 = \sqrt{(U_\varphi \cos\varphi_N)^2 + (U_\varphi \sin\varphi_N + I_N x_t)^2}$$

$$= \sqrt{(3\,637.3 \times 0.8)^2 + (3\,637.3 \times 0.6 + 572 \times 2.32)^2} \text{ V} \approx 4\,559 \text{ V}$$

(4) **解** ① 如图 8.10(a)所示，

$$E_0 = \sqrt{(U_\varphi \cos\varphi)^2 + (U_\varphi \sin\varphi + I_N x_t)^2}$$

$$= \sqrt{\left(\frac{10.5}{\sqrt{3}} \times 0.8\right)^2 + \left(\frac{10.5}{\sqrt{3}} \times 0.6 + 1.72 \times 2.3\right)^2} \text{ kV} \approx 9.01 \text{ kV}$$

② 如图 8.10(b)所示，

$$E_0 = \sqrt{(U_\varphi \cos\varphi)^2 + (U_\varphi \sin\varphi + I_N x_t)^2}$$

$$= \sqrt{\left(\frac{10.5}{\sqrt{3}} \times 0.8\right)^2 + \left(\frac{10.5}{\sqrt{3}} \times (-0.6) + 1.72 \times 2.3\right)^2} \text{ kV} \approx 4.86 \text{ kV}$$

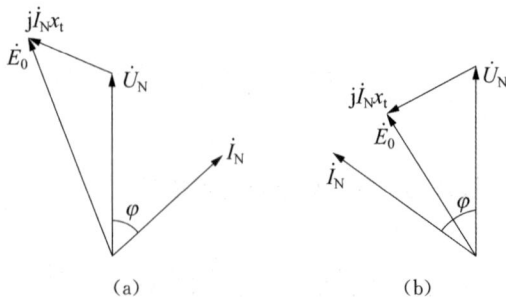

图 8.10 习题(4)图

(5) **解**　① 额定功角时,输向电网的有功功率

$$P_{\rm N} \approx P_{\rm MN} = \frac{3U_\varphi E_0}{x_{\rm d}}\sin\delta_{\rm N} + \frac{3U_\varphi^2}{2}\left(\frac{1}{x_{\rm q}} - \frac{1}{x_{\rm d}}\right)\sin 2\delta_{\rm N}$$

$$= \frac{3\times(400/\sqrt{3})\times 370}{3.5}\times\sin 24° \,{\rm W} + \frac{3\times(400/\sqrt{3})^2}{2}\times\left(\frac{1}{2.4} - \frac{1}{3.5}\right)\times\sin(2\times 24°)\,{\rm W}$$

$$\approx 37.575\,{\rm kW}$$

② 向电网输送的最大电磁功率,可令 $\dfrac{{\rm d}P_{\rm M}}{{\rm d}\delta} = 0$, 得

$$\frac{3U_\varphi E_0}{x_{\rm d}}\cos\delta + \frac{3U_\varphi^2\times 2}{2}\left(\frac{1}{x_{\rm q}} - \frac{1}{x_{\rm d}}\right)\cos 2\delta = 0$$

$$\frac{3\times 370}{3.5}\times\cos\delta + 3\times(400/\sqrt{3})\times\left(\frac{1}{2.4} - \frac{1}{3.5}\right)\times\cos 2\delta = 0$$

$$1 - \sin^2\delta = 0.081\,84\times(1 - 2\sin^2\delta)^2$$

$$\sin^4\delta + 2.055\sin^2\delta - 2.805 = 0$$

解得　　　　　　　　　　　$\delta_{\rm m} \approx 75.51°$

$$P_{\rm Mmax} = \frac{3U_\varphi E_0}{x_{\rm d}}\sin\delta_{\rm m} + \frac{3U_\varphi^2}{2}\left(\frac{1}{x_{\rm q}} - \frac{1}{x_{\rm d}}\right)\sin 2\delta_{\rm m}$$

$$= \frac{3\times(400/\sqrt{3})\times 370}{3.5}\times\sin 75.51° \,{\rm W} + \frac{3\times(400/\sqrt{3})^2}{2}\times\left(\frac{1}{2.4} - \frac{1}{3.5}\right)\times\sin(2\times 75.51°)\,{\rm W}$$

$$\approx 75.987\,{\rm kW}$$

③ 过载能力

$$k_{\rm m} = \frac{P_{\rm Mmax}}{P_{\rm N}} = \frac{75.987}{37.575} \approx 2.022$$

(6) **解**　发电机输出有功功率为 $80\,{\rm kW}$,当 $\cos\varphi = 1$ 时,

$$I = \frac{P}{\sqrt{3}U\cos\varphi} = \frac{80\times 10^3}{\sqrt{3}\times 400\times 1}\,{\rm A} \approx 115.5\,{\rm A}$$

$$E_0 = \sqrt{U_\varphi^2 + (Ix_{\rm t})^2} = \sqrt{\left(\frac{400}{\sqrt{3}}\right)^2 + (115.5\times 3.5)^2}\,{\rm V} \approx 465.6\,{\rm V}$$

$$\delta' = \arctan\frac{Ix_{\rm t}}{U_\varphi} = \arctan\frac{115.5\times 3.5}{400/\sqrt{3}} \approx 60.3°$$

① 保持励磁电流不变,则 E_0 不变。当有功功率至 $20\,{\rm kW}$ 时,由

$$P'_{\rm M} = \frac{3U_\varphi E_0}{x_{\rm t}}\sin\delta' = \frac{80}{20}P_{\rm M} = 4\times\frac{3U_\varphi E_0}{x_{\rm t}}\sin\delta$$

得
$$\delta = \arcsin\left(\frac{1}{4}\sin\delta'\right) = \arcsin\left(\frac{1}{4}\times\sin 60.3°\right) \approx 12.5°$$

② 由图 8.11 可得

$$\dot{I} = \frac{\dot{E}_0 - \dot{U}}{jx_t} = \frac{425.6\angle 12.5° - 400/\sqrt{3}}{j3.5} = 58.9\angle -63.48°\,A$$

$$\cos\varphi = \cos 63.48° = 0.447$$

③ $I = 58.9\,A$。

④ 输出的无功功率

$$Q = \sqrt{3}UI\sin\varphi = \sqrt{3}\times 400\times 58.9\times \sin 63.48°\,kVar = 36.5\,kVar$$

此时同步发电机输出滞后无功功率。

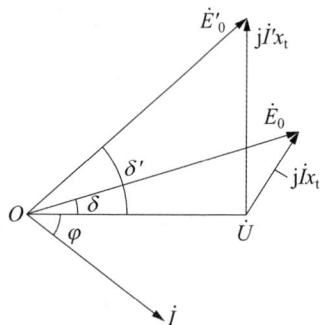

图 8.11 习题(6)图

(7) **解** ① $I_N = \dfrac{S_N}{\sqrt{3}U_N} = \dfrac{7\,500\times 10^3}{\sqrt{3}\times 3\,150}\,A \approx 1\,374.6\,A$

$$E_0 = \sqrt{(U_\varphi\cos\varphi)^2 + (U_\varphi\sin\varphi + I_N x_t)^2}$$

$$= \sqrt{\left(\frac{3\,150}{\sqrt{3}}\times 0.8\right)^2 + \left(\frac{3\,150}{\sqrt{3}}\times 0.6 + 1\,374.6\times 1.6\right)^2}\,V \approx 3\,598\,V$$

$$P_M = P_N = S_N\cos\varphi_N = 7\,500\times 0.8\,kW = 6\,000\,kW$$

$$\delta_N = \arcsin\frac{P_M x_t}{3U_\varphi E_0} = \arcsin\frac{6\,000\times 10^3\times 1.6}{3\times(3\,150/\sqrt{3})\times 3\,598} \approx 29.3°$$

② 不调节励磁,则 E_0 不变,由

$$P_M = \frac{3U_\varphi E_0}{x_t}\sin\delta = \frac{1}{2}P_N = \frac{1}{2}\times\frac{3U_\varphi E_0}{x_t}\sin\delta_N$$

得

$$\delta = \arcsin\left(\frac{1}{2}\sin\delta_N\right) = \arcsin\left(\frac{1}{2}\times\sin 29.3°\right) \approx 14.2°$$

$$\dot{I} = \frac{\dot{E}_0 - U}{jx_t} = \frac{3\,598\angle 14.2° - 3\,150\sqrt{3}}{j1.6}\,A = 1\,180\angle -62.1°\,A$$

$$\cos\varphi = \cos 62.1° \approx 0.468$$

(8) **答** ① 额定运行状态时,

$$I_N = \frac{S_N}{\sqrt{3}U_N} = \frac{8\,750}{\sqrt{3}\times 11}\,A \approx 459\,A$$

$$\psi = \arctan\frac{I_a X_q + U\sin\varphi}{U\cos\varphi} = \arctan\frac{459\times 9.6 + 11\times 10^3\times 0.6/\sqrt{3}}{11\times 10^3\times 0.8/\sqrt{3}} \approx 58.3°$$

$$\delta_N = \psi - \varphi_N = 58.3° - 36.9° = 21.4°$$

$$E_0 = U\cos\delta + I_d X_d = \frac{11 \times 10^3}{\sqrt{3}} \times \cos 21.4° \, V + 459 \times \sin 58.3° \times 18.2 \, V \approx 13.02 \, kV$$

② 最大电磁功率 P_{Mmax}，可令 $\dfrac{dP_M}{d\delta} = 0$，得

$$\frac{3U_\varphi E_0}{x_d}\cos\delta + \frac{3U_\varphi^2 \times 2}{2}\left(\frac{1}{x_q} - \frac{1}{x_d}\right)\cos 2\delta = 0$$

$$\frac{3 \times 13\,020}{18.2} \times \cos\delta + 3 \times (11\,000/\sqrt{3}) \times \left(\frac{1}{9.6} - \frac{1}{18.2}\right) \times \cos 2\delta = 0$$

$$1 - \sin^2\delta = 0.191\,63(1 - 2\sin^2\delta)^2$$

$$\sin^4\delta + 0.304\,6\sin^2\delta - 1.054\,6 = 0$$

解得 $\delta_m \approx 70.26°$。

$$P_{Mmax} = \frac{3U_\varphi E_0}{x_d}\sin\delta_m + \frac{3U_\varphi^2}{2}\left(\frac{1}{x_q} - \frac{1}{x_d}\right)\sin 2\delta_m$$

$$= \frac{3 \times (11\,000/\sqrt{3}) \times 13\,020}{18.2} \times \sin 70.26° \, W + \frac{3 \times (11\,000/\sqrt{3})^2}{2}$$

$$\times \left(\frac{1}{9.6} - \frac{1}{18.2}\right) \times \sin(2 \times 70.26°) \, W$$

$$\approx 14\,722.33 \, kW$$

(9) **解** ① 变电所原提供的无功容量

$$Q_1 = S_1\sin\varphi_1 = \frac{P_1}{\cos\varphi_1 \eta}\sqrt{1 - \cos^2\varphi_1} = \frac{1\,500}{0.8 \times 0.7}\sqrt{1 - 0.8^2} \, kVar \approx 1\,607 \, kVar$$

因为补偿功率因数到1，应使同步电动机的无功容量 $Q = Q_1 = 1\,607 \, kVar$。同步电动机的额定容量为 $400 \, kW$，因不计同步电动机本身损耗，则 $P_{1N} = P_N$，视在容量为

$$S_N = \sqrt{P_{1N}^2 + Q_N^2} = \sqrt{400^2 + 1\,607^2} \, kVA \approx 1\,656 \, kVA$$

② 同步电动机的功率因数为

$$\cos\varphi_N = \frac{P_{1N}}{S_N} = \frac{400}{1\,656} \approx 0.241\,5$$

(10) **解** 变电所原提供的无功容量

$$Q_1 = \frac{P_1}{\cos\varphi_1}\sin\varphi_1 = \frac{P_1}{\cos\varphi_1}\sqrt{1 - \cos^2\varphi} = \frac{1\,200}{0.65} \times \sqrt{1 - 0.65^2} \approx 1\,403 \, kVar$$

加入同步电动机后，同步电动机提供的无功容量

$$Q_t = \frac{P_N}{\eta_N\cos\varphi}\sin\varphi = \frac{500 \, kW}{0.95 \times 0.8} \times 0.6 \approx 395 \, kVar$$

加入同步电动机后,变电所需提供的无功容量

$$Q_2 = Q_1 - Q_t = (1\,403 - 395)\,\text{kVar} = 1\,008\,\text{kVar}$$

加入同步电动机后,变电所需提供的有功容量

$$P_2 = P_1 + \frac{P_N}{\eta_N} = \left(1\,200 + \frac{500}{0.95}\right)\text{kW} \approx 1\,726\,\text{kW}$$

加入同步电动机后,全厂功率因数

$$\cos\varphi_2 = \frac{P_2}{\sqrt{P_2^2 + Q_2^2}} = \frac{1\,726}{\sqrt{1\,726^2 + 1\,008^2}} \approx 0.86$$

加入同步电动机后,变电所的视在容量为

$$S_2 = \sqrt{P_2^2 + Q_2^2} = \sqrt{1\,726^2 + 1\,008^2}\,\text{kVA} \approx 1\,999\,\text{kVA} < 2\,000\,\text{kVA}$$

变电所不过载。

(11) **解**

$$\varphi = \arccos 0.8 \approx 36.87°$$

$$\sin\varphi = 0.6$$

$$\psi = \arctan\frac{U^* \sin\varphi + I^* x_q^*}{U^* \cos\varphi} = \arctan\frac{1 \times 0.6 + 1 \times 0.554}{1 \times 0.8} \approx 55.27°$$

$$\delta = \psi - \varphi = 55.27° - 36.87° = 18.4°$$

$$E_0^* = U^* \cos\delta + I_d^* x_d^* = 1 \times \cos 18.4° + 1 \times \sin 55.27° \times 1 \approx 1.77$$

$$E_0 = E_0^* U_{\varphi N} = 1.77 \times 18/\sqrt{3}\,\text{kV} \approx 18.4\,\text{kV}$$

(12) **解**

$$\varphi = \arccos 0.8 \approx 36.87°$$

$$\sin\varphi = 0.6$$

$$U_\varphi = 11/\sqrt{3}\,\text{kV} \approx 6.35\,\text{kV}$$

$$\psi = \arctan\frac{U\sin\varphi + Ix_q}{U\cos\varphi} = \arctan\frac{6\,350 \times 0.6 + 460 \times 8}{6\,350 \times 0.8} \approx 55.85°$$

$$\delta = \psi - \varphi = 55.85° - 36.87° = 18.98°$$

$$E_0 = U\cos\delta + I_d x_d = (6.35 \times \cos 18.98° + 460 \times \sin 55.85° \times 16/1\,000)\,\text{kV} \approx 12\,\text{kV}$$

(13) **解** 同步发电机相量图见图 8.12。

$$E_0 = \frac{U_N}{\sqrt{3}} = \frac{400}{\sqrt{3}}\,\text{V} \approx 230.94\,\text{V}$$

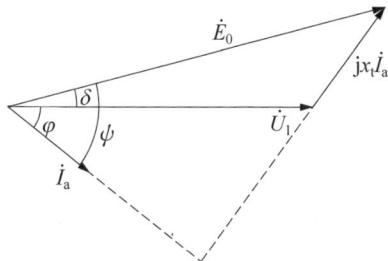

图 8.12　习题(13)图

$$I_a = I_N = \frac{P_N}{\sqrt{3}\,U_N\cos\varphi_N} = \frac{50\times10^3}{\sqrt{3}\times400\times0.8}\,\text{A} \approx 90.21\,\text{A}$$

取参考相量：$\dot{I}_a = 90.21\angle0°\,\text{A}$，则

$$\dot{E}_0 = 230.94\angle53.1°\,\text{V}$$

$$\dot{U}_1 = \dot{E}_0 - \mathrm{j}x_t\dot{I}_a = (230.94\angle53.1° - \mathrm{j}1.2\times90.21\angle0°)\,\text{V} \approx 158.3\angle28.86°\,\text{V}$$

即相电压 $U \approx 158.3\,\text{V}$，线电压

$$U_L = \sqrt{3}\,U = \sqrt{3}\times158.3\,\text{V} \approx 274.18\,\text{V}$$

$$\varphi \approx 28.86°$$

$$\delta = \psi - \varphi = 53.1° - 28.86° = 24.24°$$

本题也可用相量三角形的方法解题，则

$$U_1 = \sqrt{(E_0\cos\psi)^2 + (E_0\sin\psi - x_t I_a)^2} \approx 158.3\,\text{V}$$

$$\cos\varphi = \frac{E_0\times\cos\psi}{U_1} = \frac{230.94\times\cos53.1°}{158.3} \approx 0.876$$

$$\varphi = 28.84°$$

(14) **解**　① 先求阻抗的基准值。

$$Z_N = \frac{U_{\varphi N}}{I_{\varphi N}} = \frac{U_N/\sqrt{3}}{I_N} = \frac{U_N^2}{S_N}$$

$$S_N = \frac{P_N}{\cos\varphi_N} = \frac{1\,500}{0.8}\,\text{kVA} = 1\,875\,\text{kVA}$$

$$Z_N = \frac{6\,300^2}{1\,875\times10^3}\,\Omega = 21.168\,\Omega$$

$$x_d^* = \frac{x_d}{Z_N} = \frac{21.3}{21.168} \approx 1.006$$

$$x_q^* = \frac{x_q}{Z_N} = \frac{13.7}{21.168} \approx 0.647$$

$$\psi = \arctan \frac{U^* \sin\varphi + I^* x_q^*}{U^* \cos\varphi} = \arctan \frac{1 \times 0.647 + 1 \times 0.6}{1 \times 0.8} \approx 57.32°$$

$$\varphi_N = \arccos 0.8 \approx 36.87°$$

② 计算额定负载时的电动势 E_0。

$$I_d^* = I^* \sin\psi = 1 \times \sin 57.32° \approx 0.842$$

$$\delta = \psi - \varphi = 57.32° - 36.87° = 20.45°$$

$$E_0^* = U^* \cos\delta + I_d^* x_d^* = 1 \times \cos 20.45° + 1 \times \sin 57.32° \times 1 \approx 1.78$$

$$E_0 = E_0^* U_{\varphi N} = 1.78 \times 6\,300/\sqrt{3} \text{ V} \approx 6\,474.4 \text{ V}$$

第9章

综合模拟试题

9.1 模拟试题(一)

一、填空题(每空 1 分,共 10 分)

1. 直流电动机按励磁方式的不同,可以分为_____、_____、他励直流电动机和复励直流电动机。

2. 根据变压器内部磁场的实际分布和所起的作用不同,通常把磁通分成主磁通和漏磁通,主磁通在铁心中闭合,起_____的作用,漏磁通主要通过_____闭合,起漏抗压降的作用。

3. 单相绕组产生的磁动势幅值与其基波磁动势相差_____倍,磁动势的性质是脉振磁动势;三相绕组通入三相交流电流,产生的磁动势性质是_____,其幅值是单相绕组基波磁动势的_____倍。

4. 交流电动机的调速方法,分别是_____、_____和调节转差率能耗调速。

5. 电动机铭牌上所标的温升是指所用绝缘材料的最高允许温度与_____之差,称为额定温升。

二、判断题(每题 1 分,共 5 分)

1. 直流电动机的电枢电动势与电枢电流的方向相同,电磁转矩与转速的方向也相同。
( )

2. 一台并励直流发电机,正转能自励,反转也能自励。( )

3. 当三相异步电动机转子不动时,经由空气气隙传递到转子侧的电磁功率全部转化为转子铜耗。( )

4. 三相绕线转子异步电动机转子回路串入电阻可以增大起动转矩,串入电阻值越大,起动转矩也越大。( )

5. 确定电动机在某一工作方式下额定功率的大小,是指电动机在这种工作方式下实际达到的最高温升必须低于绝缘材料的允许温升。( )

三、选择题(每题 1 分,共 5 分)

1. 直流电动机电枢绕组内的电流是( )。

A. 交流   B. 直流   C. 脉动直流   D. 0

2. 额定电压为 220/110 V 的单相变压器,短路阻抗 $Z_k = 0.01 + j0.05\ \Omega$,负载阻抗为 $0.6 + j0.12\ \Omega$,从一次侧看进去总阻抗大小为( )。

A. $0.61+j0.17\ \Omega$　　B. $0.16+j0.08\ \Omega$　　C. $2.41+j0.53\ \Omega$　　D. $0.66+j2.12\ \Omega$

3. 若在三相对称绕组中通入 $i_A=I_m\sin\omega t$，$i_B=I_m\sin(\omega t+120°)$，$i_C=I_m\sin(\omega t-120°)$ 的三相电流，当 $\omega t=210°$ 时，其三相基波合成磁动势的幅值位于（　　）。

A. A 相绕组轴线上　　　　　　　　　B. B 相绕组轴线上

C. C 相绕组轴线上　　　　　　　　　D. 在三相绕组轴线外的某一位置

4. 电动机若周期性地工作 15 min，停歇 85 min，则工作方式应属于（　　）。

A. 连续工作方式　　　　　　　　　　B. 短时工作方式

C. 断续周期工作方式，$FS=15\%$　　D. 无法判断

5. 一台三相六极步进电动机的通电方式，其中（　　）是三相双三拍控制方式。

A. $A-B-C-A$　　　　　　　　　　　B. $AB-BC-CA-AB$

C. $A-AC-C-CB-B-BA-A$　　　　D. $A-B-BC-A$

四、简答题（每题 5 分，共 25 分）

1. 电力拖动系统中已知电动机转速为 1 000 r/min，工作机构转速为 100 r/min，传动效率为 0.9，工作机构未折算的实际转矩为 120 N·m，飞轮惯量为 1 N·m²，求折算到电动机轴上工作机构的转矩和飞轮惯量。若电动机电磁转矩为 20 N·m，忽略电动机空载转矩，该系统运行于何种状态？

2. 电力拖动系统稳定运行的条件是什么？判断图 9.1 中系统工作点 A 和 B 是否为稳定运行工作点。

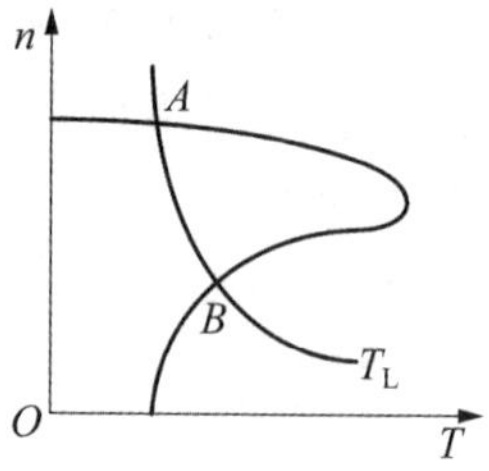

图 9.1　试题 2 图

3. 他励直流电动机采用能耗制动的条件是什么？写出能耗制动时机械特性方程式。若电动机带动位能性负载，是否能实现精准停车？分析原因。

4. 三相笼型异步电动机的起动方法有直接起动和减压起动，异步电动机可以直接起动的条件是什么？减压起动有哪几种方法？

5. 电动机的三种工作制是如何划分的？简述各种工作制电动机的发热特点及其温升的变化规律。

五、作图题(每题 5 分,共 10 分)

1. 绘制相量图,确定图 9.2 所示三相变压器联结组标。

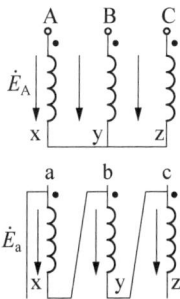

图 9.2　试题 1 图

2. 已知三相异步电动机的固有机械特性曲线如图 9.3 所示,在同一坐标系下绘制当降低供电电网电压 $U_1 = 0.8U_N$ 时的人为机械特性曲线,并分别标出两条曲线的同步转速(及所对应的转差率)、最大转矩、起动转矩和临界转差率。

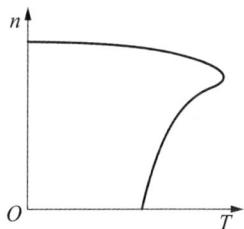

图 9.3　试题 2 图

六、计算题(共 45 分)

1. (12 分)一台他励直流电动机铭牌数据为: $P_N = 10\ kW$, $U_N = 220\ V$, $n_N = 1500\ r/min$, $I_N = 53.8\ A$, $R_a = 0.286\ \Omega$,电枢的最大允许电流为 $2I_N$。问:

① 直接起动时起动电流是多少? 若采用电枢回路串电阻起动时,最小应串入多大起动电阻?

② 若电动机拖动 $T_L = 0.8T_N$ 负载电动运行,采用能耗制动停车,电枢应串入多大电阻?

③ 若电动机拖动 $T_L = 0.8T_N$ 负载电动运行,采用反接制动停车,电枢应串入多大电阻?

④ 两种方法在制动到 $n = 0$ 时的电磁转矩各是多少?

2. (13 分)一台三相铜线电力变压器,Yyn 接法,额定容量 $S_N = 100\ kVA$,额定电压 $U_{1N}/U_{2N} = 6/0.4\ kV$,额定电流 $I_{1N}/I_{2N} = 9.63/144\ A$。 在低压侧做空载试验,额定电压下测

得 $I_0 = 9.37\,\text{A}$，$P_0 = 600\,\text{W}$；在高压侧做短路试验，测得 $I_k = 9.4\,\text{A}$，$U_k = 317\,\text{V}$，$P_k = 1\,920\,\text{W}$，试验时环境温度 $\theta = 25\,℃$。求折算到高压侧的励磁参数和短路参数。

3. (10 分)一台三相绕线式异步电动机的数据为：$P_N = 100\,\text{kW}$，$U_{1N} = 380\,\text{V}$，$n_N = 950\,\text{r/min}$，额定频率 $50\,\text{Hz}$，在额定转速下运行时，机械摩擦损耗 $p_m = 1\,\text{kW}$，不计附加损耗，求额定运行时：①额定转差率；②转子电动势的频率；③电磁功率；④转子铜耗；⑤电磁转矩；⑥输出转矩；⑦空载转矩。

4. (10 分)一台三相绕线转子异步电动机的数据为：$P_N = 75\,\text{kW}$，$U_N = 380\,\text{V}$，$n_N = 970\,\text{r/min}$，$\lambda = 2.05$，$E_{2N} = 238\,\text{V}$，$I_{2N} = 210\,\text{A}$，定转子绕组 Y 形联结，拖动位能性额定恒转矩负载运行时，若转子回路中串接三相对称电阻 $R = 0.8\,\Omega$，问电动机的稳定转速为多少？此时电动机运行于什么状态？

模拟试题(一)参考答案

一、填空题

1. 并励直流电动机；串励直流电动机　2. 传递能量；空气或变压器油　3. $4/\pi$；旋转磁动势；$\dfrac{3}{2}$　4. 变频调速；变极调速　5. $40\,℃$

二、判断题

1. ×　2. ×　3. ✓　4. ×　5. ×

三、选择题

1. A　2. C　3. C　4. B　5. C

四、简答题

1. 答　$j = \dfrac{n}{n_z} = \dfrac{1\,000}{100} = 10$，则

$$GD^2 = \frac{GD_z^2}{j^2} = \frac{1}{100}\,\text{N·m}^2 = 0.01\,\text{N·m}^2$$

$$T_z = \frac{T_z'}{j\eta} = \frac{120}{10 \times 0.9} \, \text{N} \cdot \text{m} \approx 13.3 \, \text{N} \cdot \text{m}$$

而 $T = 20 \, \text{N} \cdot \text{m}$。

由运动方程式 $T - T_z = \frac{GD^2}{375} \cdot \frac{\mathrm{d}n}{\mathrm{d}t}$ 可知,当 $T > T_z$ 时,$\frac{\mathrm{d}n}{\mathrm{d}t} > 0$,故该系统处于加速运行状态。

2. 答　稳定运行的条件是电动机的机械特性与负载转矩特性具有交点,在交点对应的转速之上应保证 $T < T_z$,而在交点对应的转速之下应保证 $T > T_z$。

系统工作点 A 是稳定的,B 是不稳定的。

3. 答　能耗制动的条件是电枢脱离电网,并把电枢接到制动电阻 R_z 上去。

机械特性方程式为 $n = -\frac{R_a + R_z}{C_e C_T \Phi^2} T$。

若电动机带动位能性负载,不能实现停车。

因为当电动机转速为零时,由于位能性负载的作用,电动机将在反方向加速,此时 n、E_a、I_a、T 方向均与原制动时方向相反,n 为负,T 为正,工作在第四象限。随着反向加速,转矩 T 也不断增大,直到等于负载转矩,此时系统加速度为零,转速稳定,实现对位能性负载匀速下放。

4. 答　一般规定,异步电动机的功率低于 $7.5 \, \text{kW}$ 时允许直接起动,如果功率大于 $7.5 \, \text{kW}$,电源总容量较大,且能符合 $K_I = \frac{I_{1st}}{I_{1N}} \leqslant \frac{1}{4}\left(3 + \dfrac{\text{电源总容量}}{\text{起动电动机容量}}\right)$,则电动机可以直接起动。

笼型异步电动机减压起动有定子电路串电阻或电抗减压起动、自耦减压起动、星形-三角形起动。

5. 答　电动机的三种工作制是根据发热情况的不同来划分的。①连续工作制的电动机,工作时间较长,其发热的过渡过程在工作时间内结束,其温升可达额定值。②短时工作制时,工作时间较短,小于其发热的过渡过程时间,在此时间内温升达不到额定值,而停车时间又相当长,电动机的温度可降到周围介质的温度。③断续周期工作制时,工作时间和停歇时间轮流交替,两段时间都较短,在工作期间,温升来不及达到稳定值,而停车时间短,温升也来不及降到周围介质温度,经过一定周期,温升有所上升,最后温升在某一范围内上下波动。

五、作图题

1. 答　如图 9.4 所示。

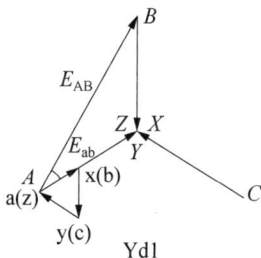
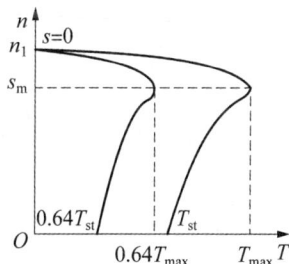

图 9.4　试题 1 图　　　　图 9.5　试题 2 图

2. 答 如图 9.5 所示,同步转速 n_1、临界转差率 s_m 保持不变。最大转矩、起动转矩是固有机械特性时的 0.64 倍。

六、计算题

1. 解 ① 直接起动时起动电流

$$I_{st} = U_N/R_a = 220/0.286 \, \text{A} \approx 769.2 \, \text{A}$$

若采用电枢回路串电阻起动,串入电阻值

$$R_s = U_N/(2I_N) - R_a = [220/(2 \times 53.8) - 0.286]\Omega \approx 1.759 \, \Omega$$

②
$$C_e\Phi_N = \frac{U_N - I_N R_a}{n_N} = \frac{220 - 53.8 \times 0.286}{1\,500} \approx 0.136$$

制动前,电枢电流

$$I_a = \frac{T_L}{T_N} I_N = \frac{0.8 T_N}{T_N} I_N = 0.8 \times 53.8 \, \text{A} = 43.04 \, \text{A}$$

制动前,电枢电动势

$$E_a = U_N - I_a R_a = 220 \, \text{V} - 43.04 \times 0.286 \, \text{V} \approx 207.69 \, \text{V}$$

能耗制动停车,电枢应串入的最小电阻为

$$R_\Omega = \frac{E_a}{2I_N} - R_a = \left(\frac{207.69}{2 \times 53.8} - 0.286\right)\Omega \approx 1.644 \, \Omega$$

③ 若采用反接制动,电枢应串入的最小电阻为

$$R_f = \frac{U_N + E_a}{2I_N} - R_a = \left(\frac{220 + 207.69}{2 \times 53.8} - 0.286\right)\Omega \approx 3.689 \, \Omega$$

④ 制动到 $n = 0$ 时的电磁转矩,能耗制动时, $n = 0$, $T = 0$。
反接制动时, $n = 0$, $E_a = 0$, 电枢电流为

$$I_a' = \frac{-U_N}{R_a + R_f} = \frac{-220}{0.286 + 3.689} \, \text{A} \approx -55.3 \, \text{A}$$

反接制动到 $n = 0$ 时的电磁转矩为

$$T = C_T\Phi_N I_a' = 9.55 C_e\Phi_N I_a' = 9.55 \times 0.136 \times (-55.3) \, \text{N} \cdot \text{m} \approx -71.82 \, \text{N} \cdot \text{m}$$

2. 解 因为是 Yyn 接法,故每相值为

$$U_{1Nph} = \frac{U_{1N}}{\sqrt{3}} = \frac{6\,000}{\sqrt{3}} \, \text{V} \approx 3\,464 \, \text{V}, \quad U_{2Nph} = \frac{U_{2N}}{\sqrt{3}} = \frac{400}{\sqrt{3}} \, \text{V} \approx 231 \, \text{V}$$

$$k = \frac{U_{1Nph}}{U_{2Nph}} = \frac{3\,464}{231} \approx 15, \quad P_{0ph} = \frac{1}{3} P_0 = \frac{1}{3} \times 600 \, \text{W} = 200 \, \text{W}$$

$$Z_m = \frac{U_{2Nph}}{I_0} = \frac{231}{9.37} \, \Omega \approx 24.7 \, \Omega, \quad R_m = \frac{P_{0ph}}{I_0^2} = \frac{200}{9.37^2} \, \Omega \approx 2.28 \, \Omega$$

$$X_m = \sqrt{Z_m^2 - R_m^2} = \sqrt{24.7^2 - 2.28^2} \, \Omega \approx 24.6 \, \Omega$$

折算到高压侧的励磁参数为

$$Z'_m = k^2 Z_m = 15^2 \times 24.7\,\Omega = 5\,557.5\,\Omega$$

$$R'_m = k^2 R_m = 15^2 \times 2.28\,\Omega = 513\,\Omega$$

$$X'_m = k^2 X_m = 15^2 \times 24.6\,\Omega = 5\,535\,\Omega$$

短路参数计算：

$$U_{kph} = \frac{U_k}{\sqrt{3}} = \frac{317}{\sqrt{3}}\,V \approx 183\,V,\ P_{kph} = \frac{1}{3}P_k = \frac{1}{3} \times 1\,920\,W = 640\,W$$

$$Z_k = \frac{U_{kph}}{I_k} = \frac{183}{9.4}\,\Omega \approx 19.47\,\Omega,\ R_k = \frac{P_{phk}}{I_k^2} = \frac{640}{9.4^2}\,\Omega \approx 7.24\,\Omega$$

$$X_k = \sqrt{Z_k^2 - R_k^2} = \sqrt{19.47^2 - 7.24^2}\,\Omega \approx 18.1\,\Omega$$

$$R_{k75°} = R_k \frac{234.5 + 75}{234.5 + \theta} = 7.24 \times \frac{234.5 + 75}{234.5 + 25}\,\Omega \approx 8.63\,\Omega$$

$$X_{k75°} = X_k = 18.1\,\Omega$$

$$Z_{k75°} = \sqrt{R_{k75°}^2 + X_{k75°}^2} = \sqrt{8.63^2 + 18.1^2}\,\Omega \approx 20\,\Omega$$

3. 解　① $n_1 = \frac{60f}{p} = \frac{60 \times 50}{3}\,r/min = 1\,000\,r/min$，$s_N = \frac{n_1 - n_N}{n_1} = \frac{1\,000 - 950}{1\,000} = 0.05$

② 转子电动势的频率

$$f_2 = s_N f_1 = 0.05 \times 50\,Hz = 2.5\,Hz$$

③ 额定运行时的电磁功率

$$P_e = P_2 + p_{Cu2} + p_m,\ P_2 = P_N,\ p_{Cu2} = s_N P_e$$

$$P_e = \frac{P_2 + p_m}{1 - s_N} = \frac{100 + 1}{1 - 0.05}\,kW \approx 106.3\,kW$$

④ 转子铜耗

$$p_{Cu2} = s_N P_e = 0.05 \times 106.3\,kW = 5.315\,kW$$

⑤ 电磁转矩

$$T = \frac{P_e}{\Omega_1} = 9\,550\frac{P_e}{n_1} = 9\,550 \times \frac{106.3}{1\,000}\,N \cdot m = 1\,015.165\,N \cdot m$$

⑥ 输出转矩

$$T_2 = \frac{P_N}{\Omega_N} = 9\,550\frac{P_N}{n_N} = 9\,550 \times \frac{100}{950}\,N \cdot m \approx 1\,005.3\,N \cdot m$$

⑦ 空载转矩

$$T_0 = \frac{p_m}{\Omega_N} = 9\,550\frac{P_N}{n_N} = 9\,550 \times \frac{1}{950}\,N \cdot m \approx 10.05\,N \cdot m$$

4. 解 $n_1 = \dfrac{60f}{p} = \dfrac{60 \times 50}{3} \text{ r/min} = 1\,000 \text{ r/min}, \ s_N = \dfrac{n_1 - n_N}{n_1} = \dfrac{1\,000 - 970}{1\,000} = 0.03$

$$s_m = s_N(\lambda + \sqrt{\lambda^2 - 1}) = 0.03 \times (2.05 + \sqrt{2.05^2 - 1}) \approx 0.115$$

$$R_2 = \frac{s_N E_{2N}}{\sqrt{3}\,I_{2N}} = \frac{0.03 \times 238}{\sqrt{3} \times 210}\,\Omega \approx 0.02\,\Omega$$

$$s_m \propto R_2 \Leftrightarrow \frac{s_m'}{s_m} = \frac{R_2 + R_f}{R_2} \Rightarrow s_m' = s_m \times \frac{0.02 + 0.8}{0.02} = 4.715$$

$$T = \frac{2T_{max}}{\dfrac{s}{s_m} + \dfrac{s_m}{s}} \Rightarrow T_N = \frac{2 \times K_T \times T_N}{\dfrac{s}{s_m'} + \dfrac{s_m'}{s}} \Rightarrow s^2 - 19.33s + 22.23 = 0$$

$$\Rightarrow s \approx 18.1(\text{舍}) \ \text{或} \ s \approx 1.228$$

$$n = n_s(1 - s) = 1\,000 \times (1 - 1.228) = -228 \text{ r/min}$$

则该电机运行于倒拉反转的反接制动,下放负载。

9.2　模拟试题(二)

一、填空题(每空 1 分,共 10 分)

1. 直流发电机的电枢电动势与电枢电流的方向_____,电磁转矩与转速的方向_____。

2. 直流电机单叠绕组的支路对数等于_____,单波绕组的支路对数等于_____。

3. 额定电压为 220/110 V 的单相变压器,二次侧接一个 2 Ω 的电阻负载,则从一次侧看,这个负载电阻值是_____。

4. 三相异步电动机 $P_N = 30 \text{ kW}$,$n_N = 980 \text{ r/min}$,$\lambda = 2.2$,当定子线电压为额定值时,最大转矩是_____,若电压降低为额定值的 80% ,最大转矩是_____。

5. 根据发热情况的不同,电动机的工作制可以分为_____、_____和_____。

二、判断题(每题 1 分,共 5 分)

1. 他励直流电动机拖动恒转矩负载进行串电阻调速,设调速前、后的电枢电流分别为 I_1 和 I_2,那么 $I_1 > I_2$。　　　　　　　　　　　　　　　　(　　)

2. 异步电动机等效电路中的电阻 $\dfrac{1-s}{s}R_2'$ 上消耗的功率为转轴端输出的机械功率。

(　　)

3. 变压器二次侧负载为容性负载,负载时二次电压高于空载电压。　　(　　)

4. 由公式 $T = C_T \Phi_m I_2' \cos\varphi_2$ 可知,电磁转矩与转子电流成正比,因为直接起动时的起动电流很大,所以起动转矩也很大。　　　　　　　　　　(　　)

5. 电动机若周期性地工作 15 min,停歇 85 min,则工作方式应属于周期断续工作方式,$FS = 15\%$。　　　　　　　　　　　　　　　　　　(　　)

三、选择题(每题 1 分,共 5 分)

1. 直流电动机采用降低电源电压的方法起动,其目的是(　　)。

　A. 使起动过程平稳　B. 减小起动电流　　C. 减小起动转矩　　D. 增大起动转矩

2. 当电动机的电枢回路铜耗比电磁功率或轴的输出机械功率都大时,这时电动机处于(　　)。

　A. 电动状态　　　　B. 能耗制动状态　　C. 反接制动状态　　D. 回馈制动状态

3. 三相异步电动机空载时气隙磁通的大小主要取决于(　　)。

　A. 电源电压　　　　　　　　　B. 气隙大小

　C. 定子、转子铁心材质　　　　D. 定子绕组的漏阻抗

4. 电动机若周期性地额定负载运行 5 min,空载运行 5 min,则工作方式应属于(　　)。

　A. 连续工作方式　　　　　　　B. 短时工作方式

　C. 周期断续工作方式,$FS = 50\%$　　D. 无法判断

5. 确定电动机在某一工作方式下额定功率的大小,是电动机在这种工作方式下运行时实际达到的最高温升应(　　)。

　A. 等于绝缘材料的允许温升　　　　B. 高于绝缘材料的允许温升

　C. 低于绝缘材料的允许温升　　　　D. 与绝缘材料的允许温升无关

四、简答题(1~4 题每题 5 分,5 题 7 分,6 题 8 分,共 35 分)

1. 并励直流发电机正转时能够自励,反转后是否还能自励? 为什么? 若在反转的同时把励磁绕组的两个端子反接,是否可以自励? 电枢端电压是否改变方向?

2. 他励直流电动机的调速分为恒转矩调速方式和恒功率调速方式,二者以什么为界限? 三种调速方法各属于什么调速方式?

3. 变压器并联运行的理想条件是什么? 哪一条件要求绝对严格?

4. 绘制三相异步电动机的 T 形等效电路图,并说明机械负载增加时定、转子电流的情况。

5. 当三相异步电动机拖动位能性负载时,为了限制负载下降时的速度,可采用哪几种制动方法? 如何改变制动运行时的速度? 各制动运行时的能量关系如何?

6. 绘制三相绕线转子异步电动机固有机械特性和转子回路串入电阻后人为特性。假定该电机拖动恒转矩负载运行,定性分析转子回路突然串接电阻后的电磁过程。

五、计算题(共 45 分)

1. (12 分)一台他励直流电动机铭牌数据为：$P_N=40\,kW$，$U_N=220\,V$，$I_N=210\,A$，$n_N=1000\,r/min$，$R_a=0.078\,\Omega$。试求额定状态下：①输入功率 P_1 和总损耗 $\sum p$；②电枢铜耗 p_{Cua}、电磁功率 P_e 及铁耗与机械损耗之和 $p_{Fe}+p_m$；③额定电磁转矩 T、输出转矩 T_2 和空载转矩 T_0；④固有机械特性表达式。

2. (13 分)某三相变压器，Yyn 接法，$S_N=63\,kVA$，$U_{1N}/U_{2N}=6.3/0.4\,kV$，$R_1=6\,\Omega$，$X_1=8\,\Omega$，$R_2=0.024\,\Omega$，$X_2=0.04\,\Omega$，$R_m=1500\,\Omega$，$X_m=6000\,\Omega$，高压绕组作一次绕组，加额定电压，低压绕组向一星形联结的对称三相负载供电，负载每相阻抗 $Z_L=(2.4+j1.2)\,\Omega$。试用简化等效电路求变压器输出的相电流、相电压和线电流、线电压，并分析该变压器是否过载。

3. (12 分)一台三相笼型异步电动机的数据为：$P_N=28\,kW$，$U_{1N}=380\,V$，$I_N=58\,A$，$n_N=1455\,r/min$，$\lambda=2.3$，定子绕组为△连接，起动电流倍数 $K_I=6$，起动转矩倍数 $K_T=1.1$。供电变压器要求起动电流 $\leqslant150\,A$，起动时负载转矩 $T_L=73.5\,N\cdot m$。试问是否可以采用：①直接起动？②星形-三角形起动？③自耦变压器减压起动？有三种抽头，分别为 55%、64%、73%？

4. (8 分)JZR51-8 型绕线转子异步电动机数据为：$P_N=22\,kW$，$n_N=723\,r/min$，$\lambda=3$，$E_{2N}=197\,V$，$I_{2N}=70.5\,A$，如果拖动额定负载运行时，采用反接制动停车，要求制动开始时最大制动转矩为 $2T_N$，求转子每相串入的制动电阻值。

模拟试题(二)参考答案

一、填空题

1. 相同;相反 2. 主磁极对数;1 3. 8 Ω 4. 643.5 N·m;411.8 N·m 5. 连续工作制;短时工作制;周期断续工作制

二、判断题

1. × 2. × 3. √ 4. × 5. ×

三、选择题

1. B 2. C 3. A 4. C 5. A

四、简答题

1. 答 并励直流发电机正转时能够自励,反转时不能自励。因为反转后剩磁方向与建立磁场的电压方向不一致,不能满足自励的基本条件。如果电机反转的同时将励磁绕组反接是可以自励的,但电枢端电压的方向与正转时相反。

2. 答 他励直流电动机的调速分为恒转矩调速方式和恒功率调速方式,二者以额定转速为界限。恒转矩调速方式可以采用电枢串联电阻和降低电源电压;恒功率调速方式采用弱磁调速方法。

3. 答 变压器并联运行的理想条件有三条:①各变压器一、二次侧的额定电压应分别相等,即变比相同;②各变压器的联结组别必须相同;③各变压器的短路阻抗标幺值相等,且短路阻抗角也相等。其中第②个条件要求绝对严格。

4. 答 三相异步电动机的 T 形等效电路图如图 9.6 所示。

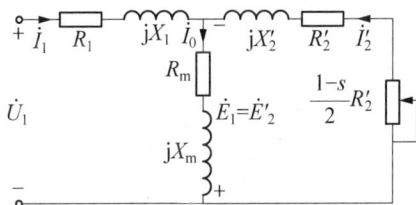

图 9.6 试题 4 图

若该电动机拖动机械负载增加,转子转速降低,转差率增加,$\dfrac{1-s}{s}R'_2$ 减小,I'_2 增加,I_1 增加。

5. 答 当拖动位能性负载时,采用能耗制动、倒拉反转、反向回馈制动均可以在第四象限出现稳定运行点,即匀速下放负载。

要改变负载下放的速度,通过改变转子回路串入不同的电阻值来改变机械特性斜率,串入电阻值越大,负载下放速度越大。

各制动运行时的能量关系:能耗制动时,转子的惯性动能转变为电能后消耗在转子回路的电阻上。倒拉反转时,轴上输入的机械功率转变为电功率后,连同定子传递给转子的电磁功率一起全部消耗在转子回路电阻上。回馈制动时,轴上输入的机械能转变成电能回馈给电网。

6. 答 如图 9.7 所示，曲线 1 为三相异步电动机的固有机械特性，曲线 2 为转子串电阻人为特性。转子串电阻前电动运行于 A 点，转子串入电阻瞬间，由于惯性，转速不能突变，工作点由 A 点运行到 B 点，B 点的电磁转矩 $T < T_L$，于是，电机开始减速。

工作点由 B 点向 C 点移动，在此期间，转速下降，转差率增大，转子感应电动势增加，转子电流增大，电磁转矩增大，到达 C 点时，$T = T_L$，于是在 C 点稳定运行，调速过程结束。

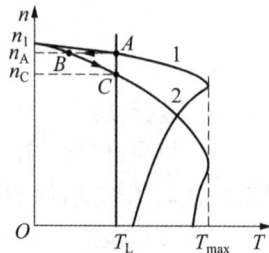

图 9.7 试题 6 图

五、计算题

1. 解 ① 输入功率

$$P_1 = U_N I_N = 220 \times 210 \text{ W} = 46\,200 \text{ W}$$

总损耗

$$\sum p = P_1 - P_N = 46\,200 \text{ W} - 40\,000 \text{ W} = 6\,200 \text{ W}$$

② 铜耗

$$p_{Cua} = I_a^2 R_a = 210^2 \times 0.078 \text{ W} = 3\,439.8 \text{ W}$$

电磁功率

$$P_e = P_1 - p_{Cua} = 46\,200 \text{ W} - 3\,439.8 \text{ W} = 42\,760.2 \text{ W}$$

铁耗与机械损耗

$$p_{Fe} + p_m = P_e - P_N - p_{ad} = 42\,760.2 \text{ W} - 40\,000 \text{ W} - 40\,000 \times 1\% \text{ W} = 2\,360.2 \text{ W}$$

③ 电磁转矩

$$T = \frac{P_e}{\Omega} = 9.55 \frac{P_e}{n_N} = 9.55 \times \frac{42\,760.2}{1\,000} \text{ N} \cdot \text{m} \approx 408.4 \text{ N} \cdot \text{m}$$

输出转矩

$$T_2 = \frac{P_N}{\Omega} = 9.55 \frac{P_N}{n_N} = 9.55 \times \frac{40\,000}{1\,000} \text{ N} \cdot \text{m} = 382 \text{ N} \cdot \text{m}$$

空载转矩

$$T_0 = T - T_2 = (408.4 - 382) \text{ N} \cdot \text{m} = 26.4 \text{ N} \cdot \text{m}$$

④

$$C_e \Phi_N = \frac{U_N - I_N R_a}{n_N} = \frac{220 - 210 \times 0.078}{1\,000} \approx 0.204$$

$$n_0 = \frac{U_N}{C_e \Phi_N} = \frac{220}{0.204} \text{ r/min} \approx 1\,078.4 \text{ r/min}$$

$$\beta = \frac{R_a}{C_e C_T \Phi_N^2} = \frac{0.078}{9.55 \times 0.204^2} \approx 0.196$$

固有机械特性表达式为

$$n = 1\,078.4 - 0.196T$$

2. 解　因为是 Yyn 接法,每相值为

$$U_{1Nph} = \frac{U_{1N}}{\sqrt{3}} = \frac{6\,300}{\sqrt{3}}\,V \approx 3\,637.41\,V$$

$$U_{2Nph} = \frac{U_{2N}}{\sqrt{3}} = \frac{400}{\sqrt{3}}\,V \approx 231\,V$$

$$k = \frac{U_{1Nph}}{U_{2Nph}} = \frac{3\,637.41}{231} \approx 15.75$$

$$Z_2' = k^2 Z_2 = 15.75^2 \times (0.024 + j0.04)\,\Omega \approx (5.95 + j9.92)\,\Omega$$

$$Z_L' = k^2 Z_L = 15.75^2 \times (2.4 + j1.2)\,\Omega \approx (595.35 + j297.68)\,\Omega$$

由简化等效电路可知,

$$\dot{I}_1 = -\dot{I}_2' = \frac{U_{1Nph}}{Z_1 + Z_2' + Z_L'} = \frac{3\,637.41}{6 + j8 + 5.95 + j9.92 + 595.35 + j297.68}$$

$$\approx 5.31 \angle -27.46°\,A$$

$I_{2ph} = k I_2' = 15.75 \times 5.31\,A \approx 83.63\,A$,星形联结,$I_{2L} = I_{2ph} = 83.63\,A$,

$$U_{2ph} = I_{2ph} |Z_L| = 83.63 \times \sqrt{2.4^2 + 1.2^2}\,V \approx 224.4\,V$$

$$U_{2L} = \sqrt{3} U_{2ph} = \sqrt{3} \times 224.4\,V \approx 388.66\,V$$

$$I_{2Nph} = I_{2N} = \frac{S_N}{\sqrt{3} U_{2N}} = \frac{63\,000}{\sqrt{3} \times 400}\,A \approx 90.94\,A$$

由于二次侧电流小于二次侧额定电流,即 $I_2 < I_{2Nph}$,因此变压器不过载。

3. 解　电动机正常起动要求起动转矩大于 $1.1 T_L$,即 $T_{st} \geqslant 1.1 T_L$,起动电流不大于变压器提供的起动电流。

$$T_N = 9\,550 \frac{P_N}{n_N} = 9\,550 \times \frac{28}{1\,455}\,N \cdot m \approx 183.78\,N \cdot m$$

$$K_T = \frac{T_{st}}{T_N} \Rightarrow T_{st} = K_T T_N = 1.1 \times 183.78\,N \cdot m \approx 202.16\,N \cdot m$$

① 直接起动: $T_{st} = 202.16\,N \cdot m > 1.1 T_L = 1.1 \times 73.5\,N \cdot m = 80.85\,N \cdot m$,起动转矩满足要求。

$I_{st} = K_I I_N = 6 \times 58\,A = 348\,A$,而供电变压器要求起动电流不大于 $150\,A$,故起动电流不符合要求,不能直接起动。

② 星形-三角形起动:星形起动电流是直接起动电流的 1/3,即 $I_{st}' = \frac{1}{3} I_{st} = \frac{1}{3} \times 348\,A = 116\,A$,起动电流满足变压器对起动电流的要求。

星形起动转矩为直接起动转矩的 $1/3$，即 $T'_{st}=\dfrac{1}{3}T_{st}=\dfrac{1}{3}\times 202.16\,\text{N}\cdot\text{m}\approx 67.39\,\text{N}\cdot\text{m}$ $<1.1T_L=80.85\,\text{N}\cdot\text{m}$，起动转矩不满足要求。

故不能星形-三角形起动。

③ 自耦变压器减压起动：$I'_{st}=K_A^2 I_{st}$，$T'_{st}=K_A^2 T_{st}$。

$K_A=0.55$，$I'_{st}=K_A^2 I_{st}=0.55^2\times 348\,\text{A}=105.27\,\text{A}<150\,\text{A}$，起动电流满足要求。

$T'_{st}=K_A^2 T_{st}=0.55^2\times 202.16\,\text{N}\cdot\text{m}\approx 61.15\,\text{N}\cdot\text{m}<1.1T_L=80.85\,\text{N}\cdot\text{m}$，起动转矩不满足要求。

故抽头 55% 不能采用。

$K_A=0.64$，$I'_{st}=K_A^2 I_{st}=0.64^2\times 348\,\text{A}\approx 142.54\,\text{A}<150\,\text{A}$，起动电流满足要求。

$T'_{st}=K_A^2 T_{st}=0.64^2\times 202.16\,\text{N}\cdot\text{m}\approx 82.8\,\text{N}\cdot\text{m}>1.1T_L=80.85\,\text{N}\cdot\text{m}$，起动转矩满足要求。

故抽头 64% 可以采用。

$K_A=0.73$，$I'_{st}=K_A^2 I_{st}=0.73^2\times 348\,\text{A}\approx 185.45\,\text{A}>150\,\text{A}$，起动电流不满足要求。

$T'_{st}=K_A^2 T_{st}=0.73^2\times 202.16\,\text{N}\cdot\text{m}\approx 107.73\,\text{N}\cdot\text{m}>1.1T_L=80.85\,\text{N}\cdot\text{m}$，起动转矩满足要求。

故抽头 73% 不能采用。

4. 解
$$n_1=\frac{60f}{p}=\frac{60\times 50}{4}\,\text{r/min}=750\,\text{r/min}$$

$$s_N=\frac{n_1-n_N}{n_1}=\frac{750-723}{750}=0.036$$

$$s_m=s_N(\lambda+\sqrt{\lambda^2-1})=0.036\times(3+\sqrt{3^2-1})\approx 0.21$$

$$R_2=\frac{s_N E_{2N}}{\sqrt{3}\,I_{2N}}=\frac{0.036\times 197}{\sqrt{3}\times 70.5}\,\Omega\approx 0.0581\,\Omega$$

反接制动瞬间，

$$s=\frac{-n_1-n_N}{-n_1}=\frac{750+723}{750}=1.964,\ T=2T_N$$

$$T=\frac{2T_{max}}{\dfrac{s}{s_m}+\dfrac{s_m}{s}}\Rightarrow 2T_N=\frac{2\times\lambda\times T_N}{\dfrac{s}{s'_m}+\dfrac{s'_m}{s}}$$

$$\Rightarrow s'^2_m-5.89s'_m+3.86=0\Rightarrow s'_m\approx 5.14\ 或\ s'_m\approx 0.75$$

转子串入的反接制动电阻

$$R_f=\left(\frac{s'_m}{s_m}-1\right)R_2=\left(\frac{5.14\ 或\ 0.75}{0.21}-1\right)\times 0.0581\,\Omega\approx 1.364\,\Omega\ 或\ 0.15\,\Omega$$

当转差率 $s>s_m$ 时，转子电动势会急剧增加，为了限制转子电流，通常选择较大的电阻，故 $R_f=1.364\,\Omega$。

9.3　模拟试题(三)

一、填空题(共 10 分,每空 2 分)

1. 与固有机械特性相比,人为机械特性上的最大电磁转矩没变,临界转差率增大,则该机械特性是绕线异步电机的_____人为机械特性。

2. 三相异步电动机定子极对数是 2,如果空间机械角度是 60°,那么相应的电角度是_____。

3. 凸极同步发电机由于气隙不均匀,将电枢磁动势 F_a 分解为直轴磁动势 F_{ad} 和交轴磁动势 F_{aq},如果 I_a 与 E_0 夹角为 ψ,$F_{ad} =$ _____。

4. 直流电机的励磁方式有_____、并励式、串励式和复励式。

5. 一台同步发电机的电枢感应电动势频率为 50 Hz,磁极个数是 10,同步转速是_____。

二、简答题(共 20 分,每题 5 分)

1. 一台同步发电机稳态运行时,励磁电流与同步转速不变。①若功率因数 $\cos\varphi = 0.8$(滞后),当负载电流增加后,发电机端电压有什么变化? 此时的电枢反应是什么? ②若功率因数 $\cos\varphi = 0.8$(超前),当负载电流增加后,发电机端电压有什么变化? 此时的电枢反应是什么?

2. 三相异步电动机正常运行时,如果转子突然被卡住而不能转动,试问这时电动机的电流有何改变? 对电动机有何影响?

3. 分别写出直流电动机的起动方法和调速方法。

4. 一台三相变压器,Y/△接法。$U_{1N}/U_{2N} = 10/0.4$ kV,$R_1 = 5\,\Omega$,$x_{1\sigma} = 8\,\Omega$,$R_2 = 0.007\,\Omega$,$x_{2\sigma} = 0.02\,\Omega$。计算折算到一次侧的变压器的短路参数 R_k,X_k。

三、判断题(共 10 分,每题 2 分)

1. 直流电动机的人为特性都比固有特性软。　　　　　　　　　　　　(　　)

2. 改变电流相序可以改变三相旋转磁动势的转向。　　　　　　　　　(　　)

3. 交流发电机正常发电以后可以断掉直流励磁电源。　　　　　　　　(　　)

4. 变压器既可以变换电压、电流和阻抗,又可以变换相位、频率和功率。(　　)

5. 旋转磁场的转速越快,则异步电动机的磁极对数越多。　　　　　　(　　)

四、计算题（共 60 分，每题 15 分）

1. 一台绕线式三相异步电动机，$P_N = 28\,\text{kW}$，$U_N = 380\,\text{V}$，$n_N = 1445\,\text{r/min}$，额定频率 $50\,\text{Hz}$，$E_{2N} = 200\,\text{V}$，$I_{2N} = 92\,\text{A}$，拖动恒转矩负载运行在固有机械特性上，$T_L = T_N$，欲使电动机运行在 $n = 1200\,\text{r/min}$。计算：①当采用转子回路串电阻调速时，每相应串的电阻值；②当采用变频调速，保持 U/f 为常数时，频率和电压的大小。

2. 两台并联运行的变压器，$S_{NA} = 2000\,\text{kVA}$，$u_{kA} = 7\%$，$S_{NB} = 2500\,\text{kVA}$，$u_{kB} = 7.4\%$，联结组和变比相同。①设两台变压器并联运行时总负载为 $4100\,\text{kVA}$，求每台变压器承担的负载大小。②在不允许任何一台过载的条件下，并联组最大输出负载是多少？

3. 一台水轮发电机，$P_N = 75\,000\,\text{kW}$，$U_N = 18\,\text{kV}$，Y 接，$\cos\varphi_N = 0.8$（滞后），$R_a^* = 0$，$x_d^* = 1$，$x_q^* = 0.554$。当发电机额定运行时，计算励磁电动势 E_0、功角 δ、内功因数角 ψ。

4. 一台他励直流电动机的铭牌数据为：额定功率 $P_N = 50\,\text{kW}$，额定电压 $U_N = 220\,\text{V}$，额定电流 $I_N = 250\,\text{A}$，额定转速 $n_N = 1500\,\text{r/min}$，电枢回路电阻 $R_a = 0.044\,\Omega$。电动机拖动恒转矩负载运行，$T_L = T_N$，保持励磁电流不变，要把转速降到 $1300\,\text{r/min}$。①若采用降压调速，电枢电压应降到多大？②若采用电枢回路串电阻调速，应串入多大电阻？

模拟试题（三）参考答案

一、填空题

1. 转子绕组串电阻　**2.** $120°$　**3.** $F_a \times \sin\psi$　**4.** 他励式　**5.** $600\,\text{r/min}$

二、简答题

1. 答　①发电机端电压下降,此时的电枢反应是直轴去磁和交磁;②发电机端电压上升,此时的电枢反应是直轴增磁和交磁。

2. 答　电动机的电流增大,易使定子绕组烧坏。

3. 答　直流电动机的起动方法:电枢回路串电阻和降低电枢电压。直流电动机的调速方法:降低电压调速、电枢回路串电阻调速、减弱磁通调速。

4. 答　变比 $k = \dfrac{10}{\sqrt{3} \times 0.4} \approx 14.43$,

$$R'_2 = k^2 \times R_2 = 14.43^2 \times 0.007\,\Omega \approx 1.46\,\Omega$$

$$R_k = R_1 + R'_2 = (5 + 1.46)\,\Omega = 6.46\,\Omega$$

$$x'_{2\sigma} = k^2 \times x_{2\sigma} = 14.43^2 \times 0.02\,\Omega \approx 4.16\,\Omega$$

$$X_k = x_{1\sigma} + x_{2\sigma} = (8 + 4.16)\,\Omega = 12.16\,\Omega$$

三、判断题

1. ×　**2.** √　**3.** ×　**4.** ×　**5.** ×

四、计算题

1. 解　①
$$s_N = \frac{1\,500 - 1\,445}{1\,500} \approx 0.037$$

$$R_2 = \frac{s_N E_{2N}}{\sqrt{3}\, I_{2N}} = \frac{0.037 \times 200}{\sqrt{3} \times 92}\,\Omega \approx 0.046\,4\,\Omega$$

当 $n = 975\,\text{r/min}$ 时,$s' = \dfrac{1\,500 - 1\,200}{1\,500} = 0.2$,转子每相串入的电阻

$$R_c = \left(\frac{s'}{s_N} - 1\right) R_2 = \left(\frac{0.2}{0.037} - 1\right) \times 0.046\,4\,\Omega \approx 0.204\,\Omega$$

②
$$\Delta n = (1\,500 - 1\,445)\,\text{r/min} = 55\,\text{r/min}$$

$$n'_1 = (1\,200 + 55)\,\text{r/min} = 1\,255\,\text{r/min}$$

$$f' = \frac{n'_1}{n_1} f = \frac{1\,255}{1\,500} \times 50\,\text{Hz} \approx 41.83\,\text{Hz}$$

$$U = \frac{f'}{f_N} U_N = \frac{41.83}{50} \times 380\,\text{V} \approx 317.9\,\text{V}$$

2. 解　①
$$\frac{\beta_A}{\beta_B} = \frac{u_{kB}}{u_{kA}} = \frac{7.4}{7}$$

$$\beta_A S_{NA} + \beta_B S_{NB} = 4\,100\,\text{kVA}$$

$$\beta_A = 0.94,\quad \beta_B = 0.89$$

$$S_A = \beta_A S_{NA} = 0.94 \times 2\,000\,\text{kVA} = 1\,880\,\text{kVA}$$

$$S_B = \beta_B S_{NB} = 0.89 \times 2\,500\,\text{kVA} = 2\,225\,\text{kVA}$$

② 设 $\beta_A = 1$, $\dfrac{1}{\beta_B} = \dfrac{7.4}{7}$,

$$\beta_B = 0.95$$

$$S_A = \beta_A S_{NA} = 1 \times 2\,000\,\text{kVA} = 2\,000\,\text{kVA}$$

$$S_B = \beta_B S_{NB} = 0.95 \times 2\,500\,\text{kVA} = 2\,375\,\text{kVA}$$

$$S_A + S_B = (2\,000 + 2\,375)\,\text{kVA} = 4\,375\,\text{kVA}$$

3. 解 如图 9.8 所示,

$$\varphi = \arccos 0.8 \approx 36.87°$$

$$\sin\varphi = 0.6$$

$$\psi = \arctan \frac{U^* \sin\varphi + I^* x_q^*}{U^* \cos\varphi} = \arctan \frac{1 \times 0.6 + 1 \times 0.554}{1 \times 0.8} \approx 55.27°$$

$$\delta = \psi - \varphi = 55.27° - 36.87° = 18.4°$$

$$E_0^* = U^* \cos\delta + I_d^* x_d^* = 1 \times \cos 18.4° + 1 \times \sin 55.27° \times 1 \approx 1.77$$

$$E_0 = E_0^* U_{\varphi N} = 1.77 \times 18/\sqrt{3}\,\text{kV} \approx 18.4\,\text{kV}$$

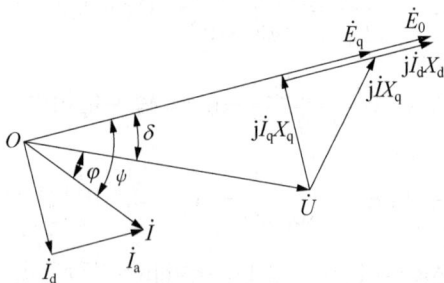

图 9.8　试题 3 图

4. 解 ①　$E_{aN} = U_N - I_N R_a = (220 - 250 \times 0.044)\,\text{V} = 209\,\text{V}$

$$C_e \Phi_N = \frac{U_N - I_N R_a}{n_N} = \frac{E_{aN}}{n_N} = \frac{209}{1\,500} \approx 0.14$$

$$n = \frac{U_N}{C_e \Phi_N} - \frac{R_a}{C_e \varphi} I$$

把 $n = 1\,300\,\text{r/min}$, $I = 250\,\text{A}$ 代入上面的公式,

$$1\,300 = \frac{U}{0.14} - \frac{0.044}{0.14} \times 250$$

解得 $U = 193\,\text{V}$。

②
$$n=\frac{U_{\mathrm{N}}}{C_{\mathrm{e}}\varPhi_{\mathrm{N}}}-\frac{R_{\mathrm{a}}+R_{\mathrm{c}}}{C_{\mathrm{e}}\varphi}I$$

把 $n=1\,300\,\mathrm{r/min}$，$I=250\,\mathrm{A}$，$U=220\,\mathrm{V}$ 代入上面的公式，

$$1\,300=\frac{220}{0.14}-\frac{0.044+R_{\mathrm{c}}}{0.14}\times 250$$

解得 $R_{\mathrm{c}}=0.108\,\Omega$。

参考文献

［1］汤天浩,谢卫. 电机与拖动基础[M]. 3 版. 北京:机械工业出版社,2019.

［2］唐介,刘娆. 电机与拖动[M]. 3 版. 北京:高等教育出版社,2015.

［3］彭鸿才,边春元. 电机原理及拖动[M]. 3 版. 北京:机械工业出版社,2018.

［4］李发海,王岩. 电机与拖动基础[M]. 4 版. 北京:清华大学出版社,2016.

［5］赵莉华,曾成碧,苗虹. 电机学[M]. 北京:中国电力出版社,2019.

［6］刘慧娟,刘瑞芳,曹君慈. 电机学[M]. 北京:机械工业出版社,2021.

［7］张广溢,祁强,李伟. 电机与拖动基础[M]. 北京:中国电力出版社,2012.

［8］刘启新,盛国良,张丽华,等. 电机与拖动基础[M]. 4 版. 北京:中国电力出版社,2018.

［9］唐海源,张晓江. 电机及拖动基础习题解答与学习指导[M]. 2 版. 北京:机械工业出版社,2023.

［10］单海鸥,孙海军,刘权中. 电机与拖动基础学习指导与习题解答[M]. 北京:机械工业出版社,2018.